去探险

达尔文的小猎犬号
航海日记

[英]查尔斯·罗伯特·达尔文 著

孔维佳 编译　后春晖 绘

北京科学技术出版社
100 层童书馆

图书在版编目(CIP)数据

达尔文的小猎犬号航海日记/(英)查尔斯·罗伯特·
达尔文著;孔维佳编译;后春晖绘.-- 北京:北京科
学技术出版社,2024.10

(去探险)

ISBN 978-7-5714-3765-7

Ⅰ.①达… Ⅱ.①查… ②孔… ③后… Ⅲ.①人文地
理—世界—少儿读物 Ⅳ.① K901-49

中国国家版本馆 CIP 数据核字(2024)第 053307 号

特约策划:红点智慧
策划编辑:谭振健
责任编辑:郑宇芳
营销编辑:赵倩倩 刘叶函
责任校对:贾 荣
责任印制:吕 越
出 版 人:曾庆宇
出版发行:北京科学技术出版社
社   址:北京西直门南大街 16 号
邮政编码:100035
电   话:0086-10-66135495(总编室)   0086-10-66113227(发行部)
网   址:www.bkydw.cn
印   刷:北京顶佳世纪印刷有限公司
开   本:889 mm×1194 mm 1/16
字   数:150 千字
印   张:9
版   次:2024 年 10 月第 1 版
印   次:2024 年 10 月第 1 次印刷
ISBN 978-7-5714-3765-7

定   价:88.00 元

目 录

contents

1831 年 12 月 27 日将会成为一个伟大的日子，天气出奇地晴朗，这对出海来说是个好兆头。之前由于西南风肆虐，我们的环球考察计划两次被迫中断。今天，我们终于能够扬帆再出发，所有人都为此欢欣鼓舞。

我要介绍一下此次科学考察的目标和参与人员。这次考察的主要目标是完成对巴塔哥尼亚高原和火地群岛①的勘测。上一次勘测耗费了近 5 年时间，结果却令人不甚满意。这次，我们准备使用更先进的勘测手段。我们还要到智利和秘鲁的沿海地区，以及太平洋上的一些岛屿进行考察。为我们保驾护航的是英国皇家海军勘探船"小猎犬号"，它将成为此次航行出力最多的家伙。船长罗伯特·菲茨罗伊对航海满怀热忱，年纪轻轻就拥有非常丰富的航海经验。他有点儿倔强，偶尔还很固执，并且一直在研究天气状况。

巴塔哥尼亚高原

巴塔哥尼亚高原位于南美洲南部，北起科罗拉多河，南抵麦哲伦海峡，西接安第斯山脉东坡，东临大西洋，占据阿根廷南部，面积约 67 万平方千米。

海风把船上的人吹得晕乎乎的，但是水手洪亮的喊声让大家精神一振。船帆高高扬起，载着 10 门火炮的"小猎犬号"从德文郡②的港口缓缓驶出，码头上送别的人渐渐变得渺小而模糊。

迎着骄阳，我们驶向了此行的第一站——佛得角群岛的主岛圣地亚哥岛。

---

① 火地群岛：南美洲南端群岛，是拉丁美洲最大的岛屿群。主岛大火地岛隔着麦哲伦海峡同南美洲大陆相望，面积约 4.8 万平方千米。

② 德文郡：位于英国西南部。

1832 年
从欧洲到南美洲

孤寂的第一站——佛得角群岛

20 天的航程，对整个考察征途来说算不上什么。我们途经加那利群岛时，当地人担心我们会带去霍乱，坚决不允许我们上岸。我们只好在船上度过清冷的夜晚。

次日清晨，阳光透过薄薄的云层，丝丝缕缕地铺洒在甲板上。海面上波光粼粼，反射出点点光斑，耀眼得让人睁不开眼。不远处就是特内里费岛的泰德峰，前一刻它还躲在柔软的朵朵白云中，若隐若现，而此刻阳光已经照亮了它的山巅。

这清丽的景色让我一扫昨夜的颓丧。对我们的考察征途来说，这是一个最美好的开始。

特内里费岛

大西洋上的一个岛屿，靠近非洲海岸，是加那利群岛 7 个岛屿中最大的一个，属西班牙管辖。

"小猎犬号"掠过湛蓝的海面，于 1832 年 1 月 16 日抵达圣地亚哥岛的普拉亚港。这里的天气干燥闷热，翠鸟懒洋洋地栖息在蓖麻枝头，见到蚱蜢飞过才会扑扇一下翅膀，迅速飞过去饱餐一顿。望着跳跃的翠鸟，我有点儿想家了。

几天后，我和两名军官骑马前往圣地亚哥岛南部的旧城——大里贝拉。我们走过圣马丁山口时，微风夹带着泥土的独特气息扑面而来，旧城露出了它的真容。

我们惊讶地发现了一座坍塌的堡垒和一座教堂。在普拉亚港建成之前，大里贝拉大概是圣地亚哥岛的中心，如今却繁华不复。

离开大里贝拉前，我们参观了教堂。教堂不如想象中那么华丽，不过一台古老的风琴让这里显得十分特别。随着琴键的起起落落，嗡鸣声渐渐响起，风琴发出并不悦耳的声响。

第一站并没有什么特别的事情发生。有时，考察就是这么孤寂，不过世间万物足够有趣，才让我们可以始终保持新鲜感和愉悦的心情。

翠鸟

翠鸟属的鸟类，属于中型水鸟，背部辉翠蓝色，腹部栗棕色，头顶有浅色横斑。从远处看，翠鸟很像啄木鸟。因背部和面部的羽毛翠蓝发亮，它们被统称为翠鸟。

位于圣地亚哥岛中心的圣多明戈村，是一个十分值得游览的地方。在一个阳光明媚的日子，我们一行人骑着马出发了。

这个村庄坐落在一个山谷里，四周是层层叠叠的锯齿状熔岩，高大的峭壁令人心生敬畏。整个村庄就像点缀在大山深处的一颗绿宝石，与黑黢黢的熔岩形成鲜明的对比。人们在大山的庇护下经营自己的生活，悠闲而惬意。

这天是村庄赶集的日子，道路上挤满了人。这是我们到达圣地亚哥岛之后第一次赶集，感觉很新奇。

回程途中，我们恰巧碰上一群在聚会的黑人姑娘。她们衣着艳丽，肩上披着花式披巾，穿着白色的亚麻布裙，热情地向我们挥手，我们也向她们挥手致意。伴随着欢快的歌声，姑娘们把披巾铺在地上，跳起舞来，脸上洋溢着笑容，爽朗的笑声在空中如涟漪般荡漾开来。

这里的每一处地方都独具特色，每一个村庄都值得游览。

在普拉亚港

纤毛虫最喜欢藏在海风送来的微尘里，它们可以随着风漂洋过海。在船上，你能发现来自世界各地不同类型的纤毛虫，天晓得它们的下一站是哪里。

我之所以突然想起这些家伙，源于一个清晨。那天，天空被一片泛着灰的深蓝色云层覆盖，远处的群山轮廓分明。空气异常干燥，云层里不时闪现着雷电，这一切都昭示着不寻常的事情将要发生。

果然，大约一个小时后，淡淡的、朦胧的雾霭逐渐笼罩大地。不过，我们看到的雾其实并不是雾，而是肉眼看不见的固体杂质和液体微粒形成的霾。这种霾不但会损害测量仪器，还会让人的眼睛和呼吸系统感到不适。为了避开霾，船只被迫快速驶离岸边。

纤毛虫最喜欢寄身于尘埃了，它们是极其微小的单细胞生物，通常情况下是无害的，当然也不排除能够致病的家伙，随着尘埃四处散播。

查尔斯·莱伊尔

19世纪英国著名地质学家、英国皇家学会会员，对地质学的发展作出过卓越贡献，主要著作有《地质学原理》等。

刚到普拉亚港时，我就在船上搜集了1袋褐色的微尘，看起来像是大风吹过桅杆顶的风向标尾翼的薄纱时被拦截下来的。此前，查尔斯·莱伊尔先生给了我4袋微尘，那是他从距离佛得角群岛几百千米处的一艘船上搜集来的。

经德国博物学家埃伦伯格检测，从船上搜集来的这5袋微尘中含有大量硅质壳纤毛虫，以及植物中的含硅物质。他在这5袋微尘中发现了不少于67种有机物质。这一系列数据足以证明，这些微尘携带的有机物远远超出了我们的想象。

这趟旅程中，纤毛虫也许是最大的受益者，它们不但可以四处漂泊，累了还可以寻找"寄托之所"，用实际行动践行"四海为家"。纤毛虫虽然不招人喜欢，却让我羡慕不已。

在普拉亚港沿岸，绵延着数千米的海崖。这不是普通的断崖，从很远的地方就可以看到崖壁上有带状的白色夹层，这说明它的地质层不寻常。

海蛞蝓

软体动物，无贝壳，呈陀螺形，表面较为光滑。

有一种海蛞蝓很有意思，通体呈灰黄色，有紫色花纹，下半身两侧有一层宽而薄的膜，很像穿了件小斗篷。每当水流漫过海蛞蝓背部突起的皮肤腮时，"小斗篷"就会张开，并鼓胀起来，起到通气的作用。遇到危险时，它们会喷出一种紫红色的晶莹液体，能够把身边的海水染红。

不过，我最感兴趣的是圣地亚哥岛的章鱼。很难想象，这里的章鱼竟然有猫一样的脾气、变色龙一样的技能。

一天，我蹲在浅滩上观察搁浅的章鱼。对常在海边考察的我来说，章鱼并不稀罕。它们经常搁浅，会缩进并紧紧地吸附在石缝中间，然后小心翼翼地朝着大海的方向蠕动，趁人不注意就"嗖"地一下蹿进海里。

有一只章鱼先是躲在石缝里一动不动，过了好一会儿，你会发现其实它已经偷偷地移动了一小段距离，而且它的身体也在慢慢地改变颜色，跟变色龙一样。它偷偷摸摸地匍匐着前进，跟小猫准备逮老鼠时的姿势差不多。它这般谨小慎微，是为了寻找更有利于逃跑的路线。

时间一点点过去，只见它"嗖"地一下蹿了出去，眨眼间便没入了深色的海水，只留下一股墨汁染黑了海水，让你无迹可寻。

海浪轻柔地拍打着岸边的岩石，浪花溅泼的间隙，细小的摩擦声依稀可闻，后来我才知道那是章鱼喷水时发出的声音。我们完全可以循着声音找到它们。

看样子，再聪明的动物也很难逃脱人类的追踪。

抵达圣保罗岛

2月16日清晨，经过漫长的海上之旅，我们抵达了圣保罗岛。

这是一座由燧石和长石构成的岩石岛屿，远远望去，岛上闪耀着点点银光。这种炫目的色彩来源于岛上岩石表面那层泛着珍珠般光泽的物质，当然了，还有鸟的粪便。

我们在这座荒凉的岛上发现了两种温顺又笨拙的鸟类：鲣鸟和黑燕鸥。当人类出现在它们面前时，它们不仅不知道逃跑，还呆呆地看着我们这些远道而来的旅行者。

鲣鸟

热带海鸟，其体型与大海鸥相当，嘴又长又尖，尾部呈楔形，腿和脚的颜色鲜艳。两翼较长，体长约0.7米，体重1千克左右，两足趾间有蹼，擅长游泳，善于捕捉小鱼和昆虫，仅在夜间及孵卵期停留在海岛上。

鲣鸟经常毫无防备地把自己的卵放在毫无遮挡的岩石上，因为岛上没有它们的天敌。黑燕鸥没这么大意，它们会用海草搭巢，以保护雏鸟。然而，黑燕鸥飞离巢穴时，潜伏在一旁的大螃蟹就会出现，以最快的速度将巢中的雏鸟捉出来吃掉。

岛上几乎没有植物，连苔藓也极其少见，看起来实在不像鸟类喜欢居住的地方，却偏偏吸引了大量海鸟，还有蜘蛛和许多昆虫，比如寄生在鸟类身上的虱子等。

黑燕鸥

属于燕鸥科，体长约 25 厘米，头和下体为黑色，翅和背为灰色。可由空中直接俯冲水面捕食，在温带地区繁殖，在热带地区越冬。

在传说中，人们坚信这些散落在海洋上的小岛最初的主人是某位神灵，然后是高大的棕榈树等郁郁葱葱的热带植物，紧接着是昆虫和鸟类，最后才有了人类。尽管没有充足的证据证明这个传说的真实性，但它让这些小岛有了一丝带着神秘色彩的诗意。

在任何一片辽阔的海域中，每一座小岛都有其存在的意义。倘若它们不复存在，那无数海洋生物便失去了赖以生存的基地，而我们又能去哪里接触到大海带来的种种惊喜呢？

到访里约热内卢

4月，我们来到当时巴西的首都里约热内卢，在这座热情的城市里待了足足3个月。

里约热内卢

位于巴西东南部，在1960年以前为巴西首都，是巴西第二大城市，仅次于圣保罗，东南濒临大西洋，海岸线长约636千米。里约热内卢主要是热带草原气候，终年高温。

4月8日早晨，天气格外炎热。我们一行人骑马离开了里约热内卢市区，穿过郊外的丘陵，绕过高耸的山峰，眼前豁然开朗：这是一个闪烁着光芒的蓝色世界，天空呈现出托帕石般通透的纯蓝，层次分明的浪花扑打在蔚蓝的海面上，飞舞的蝴蝶扇动着湖蓝色的翅膀——这一切恍如梦中的情景！

烈日当空，几经寻找，我们终于到达了一个名为伊塔卡雅的小村庄。村庄里的建筑平平无奇，但整体看起来有某种独特的结构美。

傍晚时分，我们行至几座光秃秃的花岗岩石山。尽管一整天都在奔波，但大家都不觉得累。一轮弦月悄然升起，镶嵌在灰白色的天幕中，清晰可见。我们决定加快速度，赶到拉戈亚·马丽卡小镇过夜。

　　在拉戈亚·马丽卡小镇住了一宿，我们在日出之前起来继续赶路。熹微的晨光中，几种不同颜色的兰科植物在低矮的灌木丛中悄然绽放，令人赏心悦目。

　　沿途美丽的风光和愉快的心情使我们对这片大陆有了独特的看法。在巴西这么大的国家旅行考察，短短几个星期是远远不够的。我满怀热情，一边尽可能多地搜集生物样本，一边尽情地欣赏沿途风光，到处寻找属于这片土地的独特印迹。

涡虫

扁形动物门涡虫纲的代表动物，生活在淡水溪流中的石块下，以蠕虫、小甲壳类及昆虫的幼虫等为食。

在这里，我发现了一类涡虫。它们看起来像减肥后的蛞蝓，身体结构极其简单，腰腹部有两条细小的横沟。大多数涡虫都生活在水域中，这类涡虫却在森林里干燥的地方安家，喜爱吃腐烂的木头。这得感谢一位老传教士，是他带着我们进入密林深处，收集了不少涡虫标本。

千万不要小看这类微小的生物。倘若这些小家伙被不小心从中切断，不要担心，它们并不会死亡。被切成两截的涡虫会分别长成两个全新的个体，继续它们的生活。倘若被断开的两部分长度不一样，较短的那部分会长得慢一些，它需要时间去吸收足够的养分。

我根据涡虫的生命特征做出推断，不同种类的涡虫应该都具有这项神奇的本领。里约热内卢的这类陆生涡虫也不例外。我想带几条涡虫回去认真观察研究，却发现根本做不到：它们十分脆弱，一旦受到外界的侵扰，身体就会迅速变成液体状态，就像某种厉害的魔法。这还怎么做标本呢？

我所住的小屋在科尔科瓦多山脚下。从窗口望出去，美景一览无余。我经常观察山顶上被海风吹来的云，它们有时变成帽子扣在峰顶，有时缓缓地散开，让山峰现出本来的样子。太阳落山前，因为气温的关系，云变成了雾缓慢下降，飘到山坡的另一头，消失得无影无踪。

一天早晨，暴雨袭击了科尔科瓦多山。大雨滂沱，雨滴击打树叶发出啪啪声。午后，氤氲的水汽被风吹散，我一直静静地坐在花园里，看着黄昏慢慢逝去，大地渐渐隐匿在暮色中。

夜晚没有想象中那么安静，几位"歌唱家"相约来到池塘，开了一场私密的演唱会。一只小雨蛙蹲坐在距离水面两三厘米的草叶上，"咕呱咕呱"地唱起了歌，不一会儿，另几只雨蛙蹦出来，它们应和着，歌声此起彼伏，像赞美诗，又像是一首听不懂的歌。

　　我费了九牛二虎之力才抓住一个"小歌手"。它每一趾的趾端都有一个小小的吸盘，因此可以随心所欲地抓住身旁的草叶，就算是光滑的玻璃，它也能牢牢抓住。渐渐地，蟋蟀和蝉的叫声也响了起来，演唱会更热闹了，好在它们离得很远，不会让人觉得太吵。

昆虫的乐土

在巴西的几个月里，我观察并记录了不同种类的昆虫，考察了它们的生活习性，还收集和制作了不少昆虫标本，这可以为英国的昆虫学家提供一些资料。

我在巴伊亚州见到一种好玩的叩甲，它会发光，但真正让我眼前一亮的是它非凡的跳跃能力。

巴伊亚州

巴西的 26 个州之一，地处东北部。面积约 56.5 万平方千米，首府为萨尔瓦多。该地主要以可可、西沙尔麻、蓖麻籽、甘蔗、椰子等为主要经济来源，同时矿藏丰富，工业也比较发达。

如果把它面朝天放着，它会先让自己的头部和胸部向后仰，然后猛地挺起胸膛，抵住两只翅膀的根部，胸部突起部位周围的肌肉紧张地绷起来，如弓起的弹簧。接着，它会突然放松身体，依靠这种强烈的反向收缩力，拼命拍打翅膀，瞬间能跃起约 5 厘米。这一弹跳绝技可以帮助叩甲躲避危险，天敌还没看清是怎么回事，叩甲就逃之夭夭了。

你可以捉一只叩甲，让它给你表演跳跃绝技。

这里的鳞翅目昆虫也独具特色。按照常理，植物茂密的地方应该生活着许多飞蛾，这里却是蝴蝶的种类比较多，它们体形巨大且色彩鲜艳。

这些蝴蝶时常在甜橙树之间穿梭，尽情飞舞。它们停在树干上休息时，总是保持着头部朝下、双翅水平展开的姿势，非常独特。

我钟爱这些色彩鲜艳的蝴蝶，但这并不妨碍我去研究其他昆虫。我仔细观察了当地的鞘翅目昆虫，发现它们中的大多数颜色晦暗、平平无奇，在欧洲也随处可见，让人有点儿失望。

在这里很难见到肉食性甲虫，不知是不是因为无数的蜘蛛和膜翅目昆虫取代了它们的位置。埋葬虫科和短鞘翅目的甲虫在这里也很罕见。以植物为生的长吻虫和金花虫的品种在这里却异常丰富。

除了昆虫，巴西的蜘蛛也特别多。想到这种 8 条腿的小动物，你是不是感到毛骨悚然？不用害怕，它们也有强大的敌手——成群的寄生蜂。

寄生蜂经常在走廊的墙角建造蜂巢，用来安放自己的卵。它们会把被蜇得半死不活的蜘蛛和毛毛虫塞进蜂巢的缝隙，幼虫孵化出来后会把这些昏迷不醒的动物当作第一顿美餐。

一天，我实在无聊，跑到屋檐下观察寄生蜂，碰巧看见一只大寄生蜂正在与一只大狼蛛[①]进行殊死搏斗。我饶有兴致地在一旁观战，只见寄生蜂盘桓片刻，突然猛冲到狼蛛身上，接着又迅速飞走了。狼蛛显然被蜇伤了，翻滚着跌进草丛藏了起来。

虽然狼蛛藏得很隐蔽，但还是没有逃过寄生蜂的追踪。寄生蜂小心翼翼地对狼蛛发起了新一轮的试探性进攻，似乎对狼蛛那对毒颚有些忌惮，多次尝试之后，终于成功地在狼蛛的胸部下方蜇了两下。没过多久，狼蛛便不再动弹了。

我还发现一种前足修长的美丽小蜘蛛，估计没有人记录过它们。它们不会结网，而是像寄生动物一样寄居在络新妇蜘蛛坚韧的蛛网上。在里约热内卢附近的森林里，络新妇蜘蛛很常见，它们会在龙舌兰的叶子之间结网，有时还会用两条或者四条锯齿形的带状网把两片蛛网紧密地连接起来，用来捕捉大型昆虫。络新妇蜘蛛体形巨大，看到比自己小太多的同类，可能认为没什么威胁，便任其随意留宿，还允许它们借助自己织的网捕猎。

---

① 编者注：在达尔文的自述中确实用了狼蛛的说法，但考虑到早期博物学家并没有很好地区分狼蛛和捕鸟蛛这两个类群，这里的狼蛛也可能是指捕鸟蛛。

乌拉圭初印象

7月5日，我们告别了美丽的里约热内卢，向乌拉圭的拉普拉塔河－巴拉那河的入海口进发。

浪花拍打着"小猎犬号"，海面波光粼粼。上百头海豚组成的队伍和我们一起前行。它们不断地跃出海面，展示优雅的身姿，然后又钻入海中，景象壮观。

海豚们在船头自在地穿梭，为我们引航。在接近拉普拉塔河－巴拉那河的入海口时，它们离开了。我们则朝着自己的目标继续前行。

拉普拉塔河－巴拉那河流域

拉普拉塔河－巴拉那河是南美洲第二大河，全长约4 100千米，流域面积约400万平方千米，是南美洲中东部重要的内河航道，先后流经巴西、玻利维亚、巴拉圭、乌拉圭和阿根廷。流域内多急流瀑布，蕴藏丰富的水力资源，其中著名的瀑布有伊瓜苏瀑布和瓜伊拉瀑布。拉普拉塔河－巴拉那河沿岸农作物丰富，盛产玉米、大豆、高粱和小麦。

夜幕降临，成群的企鹅和海豹将我们的船团团围住，不约而同地发出奇怪的叫声，和远处的海岸上传来的牛羊叫声相互呼应。茫茫的夜空，汹涌的海浪，仿佛正酝酿着危险。

凌晨时分，几道闪电划破漆黑的夜空，如同烟火在天际绽放，光芒照亮了海面，如同白昼一般。

马尔多纳多是乌拉圭南部城市，坐落在拉普拉塔河－巴拉那河北岸，是一个安静而孤寂的小城。它不是一个繁华的大城市，但这里独特的风土人情吸引了不少外来访问者。小城的街道纵横交错，大十字路口处有一个宽阔的广场。这是居民喜欢聚集的地方。

起伏和缓的丘陵环绕着这座安静的小城，肥美的牛羊聚集在绿油油的草甸上，惬意地享受着美餐。看着几只羽毛鲜艳的小鸟、被牛群啃得高低不平的草地和成片的开着绯红色花朵的马鞭草，我们的心情很不错。

在乌拉圭的第三天，我们途经一处长着茵茵绿草的平原，那里有许多美洲驼在休憩。灰黄色的美洲驼昂首站立在明朗的淡蓝色天空和柔和的绿草地之间，显得高傲而贵气。

傍晚时分，我们来到了本地有名的地主唐·胡安·富恩特斯的庄园。

当地有个独特的风俗，旅客来到想要投宿的陌生人家门口时必须礼貌地高声问安，如果这家主人走出来回应："此处清静无邪。"旅客才可以进去。

我们表明来意后，富恩特斯先生热情地邀请我们进入庄园。我们和主人共进晚餐，桌子上有两个大盘子，一盘是烤牛肉，另一盘是煮牛肉，还有煮熟的南瓜，可惜没有面包和其他蔬菜。一个土烧的泥制瓶子盛着水，供大家饮用。

饭后唯一的活动就是聚在一起聊天，有人抱着小吉他唱起了跑调的小曲。妇女们不参与男人们的娱乐活动，早早地回房间了。

富恩特斯先生看起来是个富有的人，但他的房子实在太简陋了。客厅里的几张桌子和几把木椅子已经是家中最阔气的家具。我们进了客房才知道里面有多寒酸：所有的窗户都没有玻璃，地板就用泥土铺成，甚至连家具都没有。无奈之下，我们只好把马鞍、马衣铺成床来睡觉。

马尔多纳多见闻

从巴西到乌拉圭，我对南美洲的植被覆盖情况有了基本的了解。

我认为森林的形成需要两个必备条件，一个是湿润的气候，另一个是能带来雨水的季风。当然，这只是普遍情况，在一些极其特殊的区域，也许会出现特例。在这片广袤的土地上，大部分地区只有草地，没有森林，就是因为缺乏湿润的水汽——要么被高大的山脉阻挡，要么没有太平洋季风的吹拂。

我们返回到马尔多纳多的第二天，又出发去爬山。旭日东升，金红色的阳光渐渐铺洒在大山与平原上，而低洼的地方仍是乌漆漆的。向西望去，一望无际的平原延伸至蒙得维的亚的一座大山脚下。蒙得维的亚是乌拉圭的首都，位于拉普拉塔河 - 巴拉那河下游，与阿根廷首都布宜诺斯艾利斯隔河相望。

在马尔多纳多，我遇到了当地土生土长的哺乳动物草原鹿，它们成群结队地游走在拉普拉塔省邻近地区和北巴塔哥尼亚地区，惬意悠闲，温驯而友好。如果你趴在草地上匍匐着向它们靠近，它们不但不会被吓跑，反而会小心翼翼

地靠近你，好奇地看着你的一举一动。

草原鹿之所以没被你吓到，也许是因为你的行为看起来不像猎人。当地的猎人总是骑着马，朝它们挥舞着套索。如果你也骑着马奔向它们，还不时晃动手里的绳子或者石头，它们肯定早就跑开了。

雄性草原鹿身上会散发出一种让人难以忍受的臭味。我在英国的博物馆整理鹿标本时，曾被这种气味熏得呕吐不止。那时我用手帕捆好一张鹿皮带回家，屋子里立刻充满了臭味。即使那块手帕已经洗了十几次，几个月后再拿出来，我还是能隐约闻到那股怪味。如果你遇见草原鹿群，可以试着走到鹿群的下风处，一阵风吹来，就算你离它们很远，也能闻到那种臭味。

虽然草原鹿是这里的代表性物种，但这里的啮齿目动物数量也很多，我就找到了至少 8 种。

水豚是世界上最大的啮齿动物，如果忽略尖尖的鼻子和尾巴，它们看起来就像一个个圆球。它们生活在当地的河流附近，有时仰躺在水生植物上乘凉，有时会跑到草原上寻找食物，远远看去就像几只小野猪。

别看水豚体形硕大，在草原上横行霸道，一旦蹲坐在后腿上，它们就立刻现出鼠类的典型特征——凝视某一目标的神态跟豚鼠和野兔一样，腭部凹陷的弧度也很像兔子，看起来有点儿滑稽。

这里还有一种特有的梳鼠，小巧灵活，特别难捉到。它们的体形跟水豚比起来可小多了，习性跟鼹鼠很像。

这种梳鼠会发出古怪的声音，形象一点儿说，那声音就像在说"土库土科"，所以当地人也管它们叫土库土科鼠。

我把梳鼠放在屋子里养，发现它们的动作比在草原上缓慢多了，显得又磨蹭又笨拙，我想这可能是因为它们的后腿经常向外拨动泥土而造成的天然缺陷。梳鼠的大腿骨关节处没有韧带，这导致它们彻底失去了跳跃的能力，逃跑的时候都显得拖拖拉拉的。

捕捉梳鼠的人告诉我说，他经常发现瞎眼的梳鼠。生物学家里德认为，这可能是瞬膜发炎导致的。我猜，这可能是它们长期生活在地下黑暗的环境中造成的。我有一个朋友是动物学家，他正在研究生活在黑暗洞穴中的盲螈是如何失明的，如果让他知道很多梳鼠也看不见东西，他一定会兴奋得大叫！

性格迥异的鸟

连绵起伏的大草原孕育了无数种动植物，其中包括色彩缤纷的鸟。

有一种鸟叫黑牛鹂，喜欢三五成群地站在牛背或马背上。它们栖息在篱笆上，沐浴在阳光下，一边梳理羽毛，一边尽情歌唱。它们的鸣叫声很特别，类似气泡在水中的小孔里穿梭时发出的嘶嘶声。

南美洲的黑牛鹂与生活在北美洲的另一个物种——单卵牛鹂的相似度很高，无论习性还是外貌都很像，唯一的差别就是单卵牛鹂体形比较小。这两种鸟生活在完全不同的大洲，竟然有着惊人的相似度，这太令人难以置信了。

我再说说另外两种有趣的鸟吧，它们很常见，习性很特别。

一种是脾气凶暴的大食蝇霸鹟，属鹟亚科。它长得非常像鹦鹉，习性却与鹦鹉迥然不同。它们常在耕地上

鹟亚科

属雀形目，广泛分布于欧洲、亚洲、非洲南部和大洋洲等地。翅呈尖形或圆形，身长90~220毫米；嘴扁平，基部宽阔；跗跖前缘被以盾状鳞。大多以昆虫为食，是农林益鸟。

25

空盘旋，一旦发现猎物，便如鹰一般俯冲下来，常让人误以为是猛禽。

这种鸟的头和嘴很大，与身体的比例严重失调，这导致它们的飞行姿势特别滑稽，呈波浪式起起落落，看上去好像马上就要一头栽下来。

另一种鸟是小嘲鸫奥氏亚种。很多人说，它们的"歌声"堪称鸟类之最，既洪亮又动听。不过，这种欢快的鸣叫声只有在春天才能听到。

这种鸟经常成群地飞入农舍啄食挂在木杆和墙上的腊肉，假如别的鸟胆敢加入进来企图分一杯羹，立刻会被它们轰走。

在巴塔哥尼亚，有一种小鸟与小嘲鸫奥氏亚种很像，它们野性十足，经常在遍布多刺灌木的河谷出没。我一度认为这两种鸟是不同的物种，但长相惊人地相似。

1833 年
行走在南美大陆上

从内格罗河出发

7月24日，"小猎犬号"抵达阿根廷内格罗河河口，这里的荒凉萧瑟与巴拉那河河口的繁华景象形成鲜明对比。

内格罗河河口的开阔平原一直延伸到遥远的地方，这里淡水稀少，地面多生长着带刺的灌木，锋利的尖刺很容易刺伤人。

听说，埃尔卡门小镇附近有好几个大盐湖。在夏天，这里就成了一大片雪白的盐田，厚厚的盐层为当地居民带来丰厚的收入。数块盐田交错，镶嵌在这片广阔的荒原上，像宝石一样亮晶晶的，简直是独特的天然装饰。

盐湖周围都是黑色淤泥，淤泥里藏着巨大的石膏晶体。当地的高乔人把石膏称作"盐父"，把硫酸钠称作"盐母"，因为它们总是相伴出现在盐湖周围。这些"伴生物"并不吸引人，真正令我好奇的是淤泥散发出来的腐臭味。按理说，高盐环境是不可能产生腐臭物质的。

我采集了一些淤泥带回去研究，竟发现了类似蚯蚓的环节动物。我将淤泥拿到显微镜下仔细观察，还发现了纤毛虫！盐湖里竟然有生物存在，这意味着它们可以在石膏晶体和硫酸钠晶体中存活！

我不禁感叹，生命在如此恶劣的环境中依然能够存活，是多么值得敬佩啊！

高乔人

高乔人属混血人种，西班牙移民与印第安人结合的后裔，主要生活在乌拉圭、阿根廷的潘帕斯草原以及巴西南部平原地区，保留了较多印第安文化传统，讲西班牙语，从事畜牧业。高乔人生性好动、热情奔放，而且非常好客。他们习惯于马上生活，英勇强悍，曾在19世纪初拉丁美洲独立战争中发挥了重要作用。

　　8月11日，我和英国人哈里斯一起出发前往位于内格罗河与布宜诺斯艾利斯之间的布兰卡港，同行的还有高乔人。那里是西班牙的属地，我们将在那里跟"小猎犬号"会合。我们的第一站是距内格罗河100多千米的科罗拉多河。我们走得很慢，花了2天半的时间才到达。沿途都是荒漠，连水井都不好找。即便找到了水井，里面的水喝起来也是又咸又涩。这是以前从未经历过的状况，加上没有休息好，大家都觉得很疲惫。

　　我们经过第一口水井时，发现旁边有一棵有名的"圣树"，被当地居民虔诚地供奉着。印第安人对这棵树极为尊崇，并坚信它可以保佑他们平安健康。

　　在寒冷的冬季，人们会把绳子和布条挂在"圣树"的树枝上，上面系着各种各样的贡品，如面包、肉干、雪茄……

告别"圣树"后，天色已暗，我们打算停下来露宿。就在这时，一头牛闯进了我们的视野。同行的高乔人行动敏捷，很快将其捕获，我们因此得以饱餐一顿。

　　有时候，我真的很羡慕高乔人的随遇而安，他们可以随时勒马停下，轻松地说："我们就在这里过夜吧。"他们很少挑剔落脚地是否舒适，这份自由洒脱，让我自叹不如。

抵达科罗拉多河

我们一大早继续出发，沿途的景物平平无奇，乏善可陈。这里的飞禽走兽数量不算多，但一种叫刺豚鼠的四脚兽倒是随处可见。

刺豚鼠让我想起英国的野兔，不过它跟野兔不是同一个属。它的后脚只有 3 个脚趾，体形比英国的野兔大一倍。

第三天上午，我们终于抵达科罗拉多河。这里的风景完全不一样了，一片草原赫然出现在眼前，野花、高高的车轴草和穴小鸮映入眼帘。

穿过一片沼泽后，我们到达了渡口。粗略估算了一下，河面宽 50 多米，如果在雨季，河面至少要比现在宽一倍！

在渡河的过程中，我们发现河道曲折迂回，两岸的柳树和芦苇丛不时挡住视线，让我们猜不出下一个弯会拐向什么地方。

我们乘坐独木舟渡河时，无意中见到了滑稽可笑的一幕——成百上千只野兔正排成大队集体渡河，让我们的独木舟左摇右摆。我一生中从未见过这种场面，几百只野兔朝着同一个方向游去，它们竖着双耳，头部刚好露出水面，鼻孔里发出哼哼声，乍一看像某种水陆两栖动物。

看见这么多兔子过河，高乔人忍不住大呼小叫，我也跟着哈哈笑了起来。不是我们少见多怪，恐怕谁都没见过这么壮观的景象。

我们在科罗拉多河边住了两天，四周都是沼泽，如果没有向导，随便走动很可能丢掉性命。由于无法自由行动，我几乎无事可做。

我们住在一个牧场里，印第安人时不时挎着篮子进入牧场卖小商品，通过观察他们的衣着和外貌，就能判断他们的家庭状况。

印第安人身材高大修长，五官深邃秀美，很吸引人，其中有几个年轻的女人特别漂亮。她们的头发粗黑且长，看上去有点儿蓬乱，从后面分成两股编成大辫子悬在腰际；脸上红扑扑的，眼睛闪闪发光，修长的双腿和双臂优美至极；她们的腰间或脚踝上会装饰一串粗大的蓝色珠子，衬托得人很美。

在印第安人中，女人负责装卸马背上的货物，以及搭夜宿帐篷，男人负责打猎、作战、照顾马匹和制作马具。

空闲的时候，男人们喜欢用两块石头互相凿击，使它们变成近乎圆球形，用来作为投球。你一定想知道投球是干什么用的，我想你可能已经猜到了。没错！投球是印第安人捕猎、打仗和擒住野马的工具。

印第安人最喜欢、也最引以为傲的是自制银器，一位酋长的马刺、马镫、刀柄和马辔全部都是银制品，马笼头和缰绳也是用银丝做的，看上去比鞭子还要细。

银制品很柔软，容易变形，酋长用那么细的银质缰绳来御马，可见马术非常精湛！

在牧场借宿两天后，我们继续出发前往布兰卡港。

我们沿着科罗拉多河往北走，进入一片大平原。贫瘠干燥的土地上，植物稀稀拉拉地生长着，叶子暗淡无光，根茎也难以挺立。

印第安人

　　对除因纽特人以外的所有美洲原住民的统称，并非单指某一个民族或种族。印第安人分布于南美洲和北美洲各国。

我发现沿途的灌木逐渐变少。植被种类和分布的变化，意味着我们已经抵达潘帕斯草原的边缘。

　　策马扬鞭前行了很远一段距离，我们来到了宽阔的沙丘地带。连绵的沙丘一直伸向远方，在上面行走是极其困难的，我们的行进速度异常缓慢。这些沙丘就在黏土层之上，水不会轻易渗透，雨水在低洼的地方汇聚成小池塘，这是宝贵的淡水资源啊！

　　远远地，我们看到了"希望"，终于有地方可以睡个好觉了——我们路过一个建在山脚下的大驿站，地理位置非常好。驿站管理者是一个黑人中尉，里面收拾得非常整洁，设施虽不豪华，但布置得十分温馨。中尉还特意用木杆和芦苇给马儿盖了一间小房子，十分精致可爱。

　　我们在驿站度过了愉快的一晚，充足的休息让我们精神饱满。吃过早餐后，我们继续赶路。在沼泽边缘的驿站，我们换了马匹。虽然沼泽地极其难走，但我们的兴致依然高昂。然而，意外还是发生了：在快要走出沼泽的时候，我从马上摔了下来，弄得浑身上下都是泥，连换洗衣物都被弄脏了。

　　我们历尽艰辛抵达布兰卡港时，却大失所望：这个港口连村庄都算不上，没有大船，只有几幢房屋和军营被深深的壕沟包围着。"小猎犬号"预计停泊的港口距离此地还有 40 千米，军队的指挥官为我找来了一个向导，还给了我一些干粮，让我能准时与"小猎犬号"会合。

　　当我们赶到港口时，"小猎犬号"还未到，我们只好就近寻找可以睡觉的地方。真希望明天早上能够看到"小猎犬号"！

布兰卡港的远古巨兽

    得知船队还有其他任务，几天后准备前往巴拉那河，我决定留在布兰卡港做一些考察，完成后再赶往布宜诺斯艾利斯与船队会合。

    布兰卡港位于纳波斯塔河的入海口，背靠平原，地底藏着不少远古时期的秘密。我兴致勃勃地到处挖掘，得到了很多意想不到的收获。现在来看看我都发现了些什么——

    第一，大地懒的部分头骨和其他部位的骨骼。把这些骨骼拼在一起，能看出来这家伙是个庞然大物。

第二，巨爪地懒的部分骨骼标本。巨爪地懒和大地懒十分相似，如果不仔细分辨，很容易混淆。

第三，大臀地懒骨骼。大臀地懒与上述两种兽相似。我挖了一天才得到它的完整骨骼，不过很值得。它的骨块保存得十分完整，比较容易还原。

第四，磨齿兽骨骼。磨齿兽与上述几种兽有着密切的亲缘关系，但体形比这些"亲戚"要小。

大地懒

大地懒是史前巨兽，整个身躯长达5~6米，包括1.5米长、粗壮有力的尾巴，体重3~4吨。与庞大的身躯相比，它们的头部较小，口鼻部向前延伸，有利于取食植物。

第五，一块巨大的贫齿目四足兽的骨骼。我无法判断这是什么生物，线索实在是太少了。

第六，在一堆不知名的骨骼中，有一块属于巨大动物的骨质外壳，外形十分独特，很像犰狳的背甲。

第七，一颗属于厚皮类动物（可能是一种马形动物）的牙齿。它在一堆细碎的骨骼中十分显眼。

最后，箭齿兽的骨骼。箭齿兽是人们发现的最奇怪的动物之一，它有着大象那样庞大的身躯，可牙齿构造与啮齿目动物相近；如果单看骨骼，它又像厚皮类动物的近亲。这种动物居然集齐了那么多动物的特征，很神奇！

在这么一小块海滩上就能发现如此多不同巨兽的骨骼，真是一件值得庆幸的事情。

贫齿目

哺乳纲的一目，属于原始的真兽类哺乳动物，包括树懒、食蚁兽、犰狳等。

厚皮类动物

厚皮类动物是指早期生物学家所称的厚皮目哺乳动物，包括大象、犀牛、河马等。今天，这一分类方法因缺乏科学性已被废除。

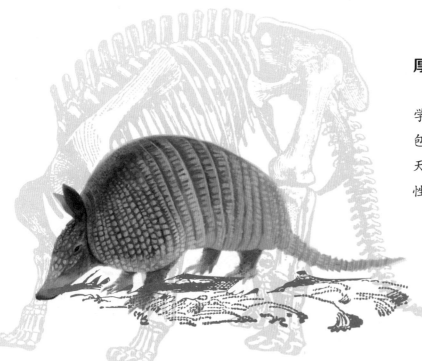

大地懒类动物特别且神秘，尤其让我很感兴趣。巨爪地懒、大臀地懒和磨齿兽都属于此类物种。从挖出的骨骼可以看出，它们大得惊人，也许曾经是这一带的霸主！

在远古时代，这些巨大的动物到底怎样生存，一直是一道难解的谜题。前一阵子，英国古生物学家理查德·欧文以惊人的智慧给出了答案：巨兽们的牙齿构造很简单，所以根本咬不动其他动物的骨头，由此可以推断它们只能用树叶和嫩枝来填饱肚子。

理查德·欧文

英国动物学家、古生物学家，最早研究恐龙的主要学者之一，"恐龙"的英文"dinosaur"（意为"可怕的蜥蜴"）一词就是他在1842年创造的。

我认为欧文教授发表的论文中有一些观点是正确的，比如巨兽并不是爬上树去觅食，而是用前爪抓住树枝，然后使劲把树枝拉到自己身边，进而享受美食。

大地懒类动物身体的后部非常宽大笨重，这样的体形对它们来说明显是有好处的。它们的大尾巴和一对粗壮的脚跟呈三点支地，就像三脚架一样稳固地撑在地面上，宽大的臀部成了上身的依托。如此，它们就能够用那对强健灵活的巨爪拉拽树枝了。

在大地懒类的强力拉扯下，一棵棵大树弯下腰来任其啃食。小树就更不用说了，也许会像草一样被连根拔起！

大地懒类中的磨齿兽还拥有一个先天优势——一条可以伸展的长舌头，像长颈鹿的舌头一样。长颈鹿得到大自然恩赐，长了一条树干般的长脖子和一条灵活的长舌，在树丛中觅食得心应手。磨齿兽也长着这样的长舌，吃起树枝上的叶子来非常方便！

大美洲鸵与小美洲鸵

布兰卡港背后是由广阔的草原和沙漠组成的巴塔哥尼亚地区，这里生活着两种鸵鸟——大美洲鸵和小美洲鸵。

大美洲鸵比较常见，当地人能在很远的地方就辨别出它们的性别，因为雄鸟的身体和头部都比雌鸟的大，而且羽毛颜色更深。大美洲鸵会发出低沉的叫声，我第一次听到它们的声音时，还以为是野兽在嚎叫。

我们在布兰卡港停留的那段时间，恰好是大美洲鸵的繁殖季节，到处都是它们的蛋。大美洲鸵会共同繁衍后代，只有下在巢穴里的蛋才能孵化出鸵鸟宝宝。每一个巢穴里都有很多蛋，当地人说经常能看见四五只雌鸟在中午时分依次朝同一个巢穴走去，然后把蛋都下在里面。每个巢穴里有 20 ~ 40 枚蛋，有的甚至可以达到 80 枚。与我们同行的向导阿扎拉介绍说，有一只家养雌鸟下了 17 枚蛋，前后共花了 50 多天。

比起大美洲鸵，小美洲鸵则稀有得多。当地人形容这种鸟的外形与大美洲鸵十分相似，羽毛颜色又深又暗，而且有斑点。它们双腿较短，因此更容易被捕获。听说小美洲鸵的蛋是淡青色的，比大美洲鸵的蛋略小。

真希望我有好运气可以碰到这种罕见的小美洲鸵。康拉德·马腾斯先生曾在港口附近捕到一只，当时我观察了一番，以为它是一只还没成年的大美洲鸵，因此完全没在意。后来我回想起有关小美洲鸵的种种传言，想再去确认一下它是否小美洲鸵时，它已经被伙伴们放到锅里用辛辣的调料煮了。

幸好，它的头、脖子、双腿、双翼、一大块皮和许多较长的羽毛没被处理掉。我用这些残骸拼凑成一个接近完整的骨骼标本，后来这个标本被陈列在伦敦动物学会的博物馆里。

鸟类学家约翰·古尔德在对外展示这种鸵鸟时，特地以"达尔文三趾鸵鸟"来命名它，以表示对我发现这个新物种的敬意与感激，我却对自己的疏忽感到羞愧万分。

后来，我在圣克鲁斯河附近再次见到小美洲鸵，它们正在全速奔跑。小美洲鸵奔跑时不会像大美洲鸵那样张开双翼，但样子十分可爱。博物学家道尔比尼在内格罗河一带旅行时，一心想找小美洲鸵，却一无所获，只能失望而归。如此说来，我倒是个很幸运的人。

达尔文三趾鸵鸟

即小美洲鸵，又名美洲小鸵，是南美洲特有物种。小美洲鸵体长可达1米，体重可达15~25千克，三趾开叉，脚掌厚实耐磨，每趾趾端都生有呈三角棱状的黑色利爪。

巴塔哥尼亚的其他动物

一提到犰狳，当地人的脑海里立刻会浮现出那种温顺又狡猾的小动物。犰狳是美洲特有的珍稀物种，主要生活在树林、草原和沙漠地带。

这里的犰狳可以分为三种，即小犰狳、披毛犰狳和三带犰狳。

相比另外两种犰狳，小犰狳的分布区域更靠南。它们喜欢干燥的土壤，在海边的沙丘里穴居，在没有水的沙丘里能一连待上好几个月。

三种犰狳的生活习性大致相同，一般是白天在平原上出没，以甲虫、毛虫、草根为食。当食物短缺时，小型蜥蜴、蛇、蛙类也是它们的美餐。

三带犰狳因只有三条明显的鳞甲带而得名。它的背甲平滑坚硬，在防卫过程中比刺猬的尖刺更有效。

在布兰卡港，一天能遇见好几只犰狳。它们的嗅觉和视觉异常灵敏，遇到危险时，它们能以极快的速度躲进沙土里。别看它们腿短，掘土挖洞的本领却很强。有人这样形容：犰狳打洞的速度快得惊人，你骑在马上的时候还能看见它，就在下马的一瞬间，它已经钻进土里了。要想捉住犰狳，必须手疾眼快，一瞧见它就立刻一把将它按住，否则它就溜之大吉了。

别看犰狳长相威武，却生性胆小。犰狳肉质鲜美，皮可以用来编

织篮筐，因而被滥捕滥杀。

巴塔哥尼亚的爬行动物种类繁多，一种长着三角脑袋的蛇引起了我的注意，它的身子是暗色的，根据其毒牙里的毒槽来判断，一定是剧毒蛇。

博物学家居维叶和其他几位同行说，"三角脑袋"的科属在响尾蛇科和蝰蛇科之间，可以把它归入响尾蛇科的一个亚属。

有趣的是，这种蛇一受到刺激或惊吓，尾部就迅速摇摆，开始高频率地振动，同时发出很有震慑力的声音。只要它身体里的这种刺激感应能量没有消耗完，尾梢的振动就不会停止。

这种蛇的面部表情也很狰狞，纵缝的瞳孔嵌在有斑纹的赤铜色虹膜中，双腭基部宽大，鼻部也呈三角形。

当地还有一种小蟾蜍，看起来像个小魔怪，而且颜色很特别，皮肤具有强大的吸水能力。我先把它浸泡在漆黑的墨水里，随后让它在一块刚涂满红油彩的木板上爬行，它的脚、腿、肚子就都染上了红色。我把它命名为"恶魔蟾蜍"。

巴塔哥尼亚的蜥蜴种类很多，其中有一种智力惊人。海边裸露的沙地是它们的家园。它们全身覆有淡褐色的鳞片，上面散布着白色、黄红色和暗蓝色斑点，好像穿着一身迷彩服，几乎与周围的地面融为一体。受到惊吓时，它们会立刻伸直四肢，缩紧身体，闭上双眼，装死。

赶赴布宜诺斯艾利斯

离开布兰卡港后，我们准备前往南美洲最美的城市之一——布宜诺斯艾利斯。沿途鲜有人烟，夜晚只能就地露宿，只有幸运地找到驿站时才能睡上一个好觉。

原野上很难看到植被，连杂草都稀稀落落的，看起来无精打采。天空万里无云，仔细观察可以看见远处渐渐聚起一片薄雾。以我的经验来看，这样的雾气意味着马上要起风了。

布宜诺斯艾利斯

阿根廷的首都和最大城市，位于拉普拉塔河南岸、南美洲东南部，对岸为乌拉圭。该地属亚热带季风性湿润气候，四季分明，气候宜人，雨量充沛，土地肥沃。

前往布宜诺斯艾利斯，要经过的第一站是一条河。这条河发源于高大的安第斯山脉，当我循着水声走到河边一览河流全貌时，不禁大失所望。

河面宽不过 8 米。据说现在不是水量充沛的时期，每年盛夏时节，河水都会因高山冰雪大量融化而上涨，到了冬季则以文塔纳山脉附近的泉水为补充水源。

这条河看似平平无奇，但河床很深，一般人不敢轻易尝试渡河。人们只能在河流上游一个水较浅的地方搭一座简易的木桥，方便通行。这里还是马儿的过河通道，河水不会没过马儿的腿肚子，因此专门给马匹准备的渡涉场就设在这里。其他河段那么深，马儿哪里敢渡过去呢？

前方便是文塔纳山脉，向导说那里有不少值得探秘的洞穴和森林。我们吃完早饭就兴致勃勃地赶去一探究竟。

前面走过的都是浅棕色的平原，从地质特点来看，从平原直接过渡到高山的地貌很少见，文塔纳山脉的特别之处可见一斑。它由浅灰色的石英岩构成，偶尔能看见三五簇枯黄的杂草，却不见灌木和森林。

夜里，我们驻扎在山脚下，山间的夜晚寒气逼人，盖在身上的马衣竟然结了冰。我缩在毯子里，听着远处夜虫的鸣叫，此行的种种经历在脑海中一幕幕回放，与大山相拥而眠。

向导建议沿着最近的山脊上山，探一探大山里的秘境。山路崎岖迂回，我们历尽千辛万苦，终于站在第一个山尖上。不过很快我就失望了，向导一开始没说明白，沿着这道山脊根本无法抵达其他四座山峰。山脊背后有一道狭窄的深谷，将整条山脉一分为二，我只能站在原地眼巴巴地眺望远处的山峰。

待下到深谷的谷底，我发现这里非常平整，是一条可供印第安人行马的坦途。走了很久，我们都没看见一个人影，于是开始攀登第二座山峰。要研究这里的地质构成，我需要找到更多材料。

在第二座山峰上，我看到了像水泥一样的泥板岩石球，它们像补丁一样嵌在山体中。这种岩石一般可以在海岸找到，是卵石在海浪冲刷下沉积的产物。

由于时间有限，我们决定放弃攀登另外两座山峰。这趟无趣的登山之旅给了我一个深刻的教训——爬山可比骑马累多了！

我们回到驿站，遇上同样准备前往布宜诺斯艾利斯的士兵队伍。

士兵们居住在由蓟类植物的茎秆搭建的茅屋里，屋顶也是用这些茎秆编织的，根本无法遮风挡雨。赶上下雨天，屋顶的雨水汇聚到一定程度后，会顺着缝隙一股脑儿地流下来。

平日里，士兵们以猎取动物为食，取暖的燃料是平原上的植物枯秆。对他们来说，生活中的奢侈品就是小纸烟和马黛茶，娱乐活动则是打打纸牌，或者分成两队比赛丢绊马索。

第二天正午，驿站来了两名送信的士兵。为了欢迎他们，那天晚上大家组织了一场派对，热闹极了。

士兵们围坐在火炉边打牌守夜，我则独自休息。不远处，猎狗懒洋洋地躺在地上，武器横卧在周围的地上，再远处是拴着的马匹和插在地上的长矛。只要猎狗一发现动静，士兵们立刻就会翻身上马，拔枪迎敌。

第三天上午，我们一行人跟着士兵一起出发。

策马疾驰几千米后，前方赫然出现一片低洼的沼泽地，向北一直延伸到塔巴尔根山脉。在宽阔平浅的湖泊和大片的芦苇丛中，时而现出质地柔软的黑色泥炭土壤。

夜幕降临后，向导和同行的驿站士兵会在平原上放好几把野火，以迷惑离群的野兽，起到恐吓的作用。更重要的是，火烧掉了枯草，这有利于牧草的生长。

湖泊里，不少黑颈天鹅缓缓游过。有种鸟喜欢扎堆，时不时发出一种类似成群的小狗追逐猎物的吠声。夜里，如果突然听到它们的叫声，你肯定会吓一跳，我不止一次被那种叫声惊醒。

9月16日，我们抵达了位于塔巴尔根山脚的驿站，这是沿途的第七个驿站。这里地势平坦，广泛生长着粗硬的牧草，是个适合放牧的好地方。令人难过的是，周边地区刚刚遭受了一场大冰雹的袭击。亲历者说这次的冰雹比以往的都大，和苹果差不多大，真是骇人听闻！

同行的伙伴聊起自己的见闻，说巴塔哥尼亚北部的某个地区下过一场将家畜砸死的特大冰雹，印第安人管这种冰雹叫"拉列格赖卡瓦尔卡"，意思是"白色的东西"。

当天我们享用的午餐就是用被冰雹砸死的动物做的。午饭后，我决定四处转转，看看这场冰雹造成的破坏有多严重。我顺便考察了由多个小山丘组成的塔巴尔根山脉。这条山脉东起科连特斯角，向西一直延伸。我最初抵达的那一块山体是由石英石构成的，山脉东侧却是花岗岩。究竟是什么原因造成这样的情况呢？

夕阳西下，我们一行人回到塔巴尔根河边的驿站。当天的晚餐竟是美洲狮的肉，要不是在场的人提醒，我还以为是当地小牛的肉呢。

无论是什么肉，总之希望这头野兽不是被冰雹砸死的。

塔巴尔根河边的塔巴尔根镇是个很好的去处，我们途经的第九个驿站就建在这片肥沃的河漫滩平原上。镇上的大多数居民都是印第安人。

这里的屋子造型十分别致，房

顶有点儿像烘焙用的圆顶炉灶，当地人将这种房子称为"托尔多"。当地官员和开商店的西班牙人则住在高大的茅屋里，茅屋在一群托尔多中格外惹眼。

由于前些日子的食物全是肉类，我们便在商店里购买了一些饼干和面包。整理好行装，我们继续赶路。以萨拉多河为界，两岸的景色有着明显的差异。

这个距离布宜诺斯艾利斯最近的驿站对入住人员的管控十分严格。就算当天傍晚下着倾盆大雨，驿站也要求我们必须出示通行证才能入住。当驿站管理者看到我的护照上写着"博物学家"几个字时，立刻变得谦卑起来。我想，他大概是被这个头衔唬住了。

9 月 20 日正午时分，我们抵达了景色宜人的布宜诺斯艾利斯。

布宜诺斯艾利斯是一座大城市，城里城外的景色都令人赏心悦目。龙舌兰构成的绿色篱笆与橄榄树、桃树、柳树相映成趣，每当微风拂过，枝叶便摇曳生姿。从美学角度来看，整座城市布局规整，四合院式的房屋十分雅致。卢姆介绍说，每逢夏季，四合院里的居民会相约在中央的空地上，一边喝下午茶一边纳凉闲聊。

城市里的街道横平竖直，相交的两条街呈直角，平行的街道之间距离相等。所有的政府机构、堡垒、大教堂等都集中在市中心的广场周围。在我看来，这大概是史上最规矩的城市之一。整体布局一板一眼，如同无数方块拼成的模型。

我兴致勃勃地在布宜诺斯艾利斯到处闲逛，这里的风光的确名不虚传。如果时间充足，我真希望在这里多住几个月，说不定能遇到很多有趣的事情！

圣菲

圣菲位于巴拉那河畔，距离布宜诺斯艾利斯约 500 千米，听说那里生活着许多有趣的动植物，我打算去考察一下。

由于刚下过小雨，泥泞的道路格外难走。我们骑着马在城郊的路上缓缓前行。本以为雨后出门的人不多，没想到路上行人熙熙攘攘。我还发现了一种从未见过的交通工具——牛车。

憨厚的牛拉着车身狭长的两轮车慢悠悠地前进，要是道路好走一点儿，牛车的速度还能快一些。我对这种交通工具颇感兴趣。如果不到这儿来，我是见识不到这些前所未见的事物的。

赶路途中经过一个名为卢克桑的小镇，就在河流附近，有一座牢靠的木桥供往来的行人通过。离卢克桑不远的地方还有一个像天堂一般的小镇——阿列科，这里盛产牧草。两个小镇的居民都热情好客、淳朴敦厚。

这里的地势高低不平，蓟草长势不错。

对于蓟类植物，植物学家弗朗西斯·黑德曾经做过生动的描述：当它们长到最大高度的三分之一时，就已经跟马背齐平了。成簇的蓟草丛就像迷宫一样，要是人或动物藏在里面，很难被发现。

据说当地的强盗经常躲在蓟草丛中，在夜间突袭打劫路过的人。倘若你问本地人："这里强盗很多吗？"他们定会回答："蓟草丛还没长成呢！"不明就里的人会以为他们不愿告知真相，而知道情况的人立刻就能明白话中的意思。

在蓟草丛遍布的平原上，最常见的飞禽走兽应该是毛丝鼠类（也叫"龙猫"）和穴小鸮了。

平原駱是潘帕斯草原上最特别的一种毛丝鼠类动物，喜欢与茂密的植被为邻，其他地区很难发现它们的踪影。平原駱的近亲刺豚鼠则生活在砾石遍布的荒原上，比平原駱的分布范围广得多。

每次我挑一种动物或植物来介绍时，一定是因为它的生活习性很特别，平原駱也一样。它们喜欢收集小窝周围的坚硬物体，因此得了个"盗贼"的别名。你要是在它们生活的区域丢了东西，一定能在它们的洞穴口找到。

除了收集人类掉落的物件，平原駱还喜欢收集家畜的骨头、石头，甚至是硬土块、干粪等。没有人知道它们为什么收集这些东西，但总能在它们的洞口看到堆积成"山"的五花八门的"战利品"。

傍晚，它们喜欢集体坐在自家洞口，也许在欣赏落日的余晖，或者感叹时间的匆匆流逝……据说平原駱的肉口感不错，不过因为它们长得太可爱，人们很少以它们为食。

这里还生活着一种穴小鸮，它们也很有趣。由于找不到高大的植株做窝，这种鸟只能住在洞穴里，有时候甚至会抢占平原駱的家。

白天，穴小鸮会站在洞口附近的小丘上，受到惊吓就缩回洞穴，或鸣叫着飞起来。它们是杂食性动物，白天经常捕蛇为食，偶尔也吃老鼠换换口味。我曾在穴小鸮的胃里发现过老鼠的残骸。如果实在找不到吃的，它们会抓螃蟹和鱼来吃。听说，印度有一种专门吃鱼的穴小鸮。

平原駱

属于毛丝鼠科，是南美洲南部特有的中型啮齿类动物，身上覆盖着丝状绒毛。所有的毛丝鼠都被视为广义的龙猫，因长相可爱，耳朵大且长，外形酷似兔子，现在普遍被当作宠物饲养。

大自然的残酷之处大概就在于此吧，没有哪种动物能够随心所欲。想吃什么就吃什么不过是一种奢望。只要能填饱肚子，有什么就吃什么吧！

同行的伙伴告诉我，接下来的旅程将有大半要在水上度过，真不知道该高兴还是悲伤。为了能顺利入住对岸的驿站，我们需要乘坐简易木筏渡河。

那晚睡得很好，第二天我们起了个大早，迎着晨光在河岸边享用了早餐，休整一番后就出发赶往里奥特尔塞罗。

里奥特尔塞罗是一个小镇，在那里，我们发现了古代动物的化石。为了能够挖掘出完好的化石，我们必须高度专注和足够细致，因此停留了许久。我们挖掘出了一颗完整的箭齿兽牙齿，以及身体其他部位的零散骨块。

我将一颗大臼齿的化石碎片带回去研究。经过仔细分析，我认为该臼齿应该来自乳齿象。在秘鲁的安第斯山脉，人们曾发现很多这种乳齿象化石。

乳齿象

一种已灭绝的长鼻类哺乳动物，由古乳齿象演化而来。其起源最早可以追溯到莫湖兽，一种发现于非洲北部、明显具有长鼻类特点的哺乳动物。

稍作休息后，我们准备乘船渡过前方的另一条河。读到这里，你应该发现了，这次我们是在一个河网密集的地区考察，几乎每隔几千米就能遇到一条河。怪不得同行的伙伴会如此惆怅。

巴拉那河穿过潘帕斯草原。为了系统考察巴拉那河沿岸的地质变化和历史痕迹，我们在这里停留了5天。在河岸附近，我可以分辨出峭壁上不同的地层，并在脑海中还原它们的原貌。

我们在最底层的土壤中发现了鲨鱼牙齿的化石、已灭绝的贝壳物种，这些

发现都强有力地证明了这一带曾经是个海湾。在这片土壤之上有一层硬化的泥灰土，这说明在漫长的地质年代里，这个海湾被慢慢填平，最终变成了河床。

再往上，可以看到潘帕斯草原的黏性红土层，土层里还夹杂着不少石灰质的结核和陆生四足动物的骨骼。

博物学家埃伦伯格化验过这些红土，并分析了当时潘帕斯草原的地质情况。从土壤中浸液虫类的分布可以判断，潘帕斯地区的上升现象是在最近的地质时期发生的。

在同一个地层中，我还发现了不少动物存在过的痕迹，即箭齿兽、乳齿象、马形动物的牙齿化石。一般情况下，多种动物的化石同时出现在同一地域十分罕见，为了解开这个谜题，我有意无意地打听这里曾经发生过什么，答案还真被我找到了。

根据当地人的说法，在 1827 年至 1832 年间，这里发生了一场罕见的大旱灾。当时，这里犹如尘土飞扬的公路，饥渴难耐的动物纷纷奔向河流，很多动物撑不到河边，直接死在了路上。

如果是大干旱造成了这一现象，那么在几十甚至几百万年前，一定也发生过类似的事情。许多远古生物集体奔向河边喝水，但因为过于疲劳死在岸边或者河中，最终在河床与河岸上变成了化石。正是这些化石，让后人寻得蛛丝马迹，进而还原当时的景象。

凶残的美洲虎
和不知名的鸟类

由于头痛日渐严重，我中断了行程，回到布宜诺斯艾利斯静养。途中，我不断听到有关美洲虎的传闻，对它的习性有了全新的了解。

美洲虎又叫美洲豹，这种"大猫"喜欢水，经常出没在丛林地带以及大河两岸。它们会在河边的树上磨爪子，锋利的爪子有利于捕猎。

在乌拉圭河畔的时候，当地人教我如何分辨哪些是美洲虎用身躯蹭掉的树皮，哪些是它们留下的抓痕。我看到那些树上有很多深深的抓痕，像一条条沟，斜着延伸出去，足有一码长，后背不由得升起丝丝寒意。

在巴塔哥尼亚的硬土地上，美洲虎找不到树木，就在硬土上抓出类似的痕迹。也许它们并不是为了将爪子磨得锋利，而是爪子上有些地方粗糙不平让它们觉得不舒服，希望通过这种方式将爪子磨平。

美洲虎多以鱼为食，也捕杀类似水豚的小型动物。深夜里，它们的嘶吼声十分恐怖，尤其是在快变天的时候。人类不断地侵占它们的生存领地，激起了它们的攻击性，这让它们显得十分凶残。

在巴拉那河一带，不少伐木工命丧其口，美洲虎甚至会趁着夜色爬上船把人咬死。这绝不是耸人听闻，而是一个虎口脱险的人的亲身经历。他说，有时候河水上涨，美洲虎会变得异常凶残，像玩游戏一般跳到岸上，咬死牧民的家畜取乐。

在船上的日子，除了听同行的人讲述有关美洲虎的趣闻，我最大的乐趣就是钓鱼。

这里有好几种鱼味道都不错，其中一种叫"阿梅多"的鲇鱼发出的声音能够传到岸上。这种鲇鱼还能够利用强壮的脊骨、胸鳍和背鳍，与木桨或钓鱼线抗衡。真想知道美洲虎能不能对付这么凶猛的鲇鱼！

巴拉那河上有翠鸟和鹦鹉等小型鸟类。还有两种我叫不上名字的鸟，我给它们取名为"剪刀嘴"和"剪刀尾"。顾名思义，一种嘴巴像剪刀，一种尾巴像剪刀。

先说说翠鸟。这里的翠鸟有一条长长的尾巴，因此不能直立着坐下，飞行时有气无力的，叫声很低沉，有点儿像石子碰撞时发出的声响，与欧洲的翠鸟差别很大。

这里的鹦鹉是一种群居的绿色鹦鹉，它们在水边的树上筑巢，当食物短缺时，它们会到河岸上的玉米地觅食。

"剪刀嘴"跟燕鸥差不多大，腿短短的，爪上有蹼，双翼张开后又长又尖。它们的喙像剪纸刀，上下喙一短一长。我亲眼见过它们捕食，它们在湖水中快速地游来游去，同时张开嘴巴，下喙位于水下。它们飞行时忽高忽低，用尾巴掌舵，姿态优美极了。

"剪刀尾"在布宜诺斯艾利斯很常见。它们的尾巴分叉，尾尖处各有一根长长的羽毛。它们一般栖居在商陆树上，以昆虫为食。

在河上漂流的日子里，我三不五时就去打猎，或者观察一下美丽的小鸟。

算一算日期，"小猎犬号"大概不会在布宜诺斯艾利斯停留太久。为了能及时赶回船上，我只能早早结束这优哉游哉的漂流生活。

在巴拉那河河口上岸时，我才发现事态不对——不知什么缘故，这里戒备森严。我费尽口舌，士兵们才终于相信我只是一个归心似箭的游客，不过是来看看风景，顺便了解一下当地神奇的物种。

从科洛尼亚到德塞阿多港

巴拉那河河口的水很浑浊，大概是因为海水与河水混合在一起。河口附近有不少好去处，比如科洛尼亚等。

我们迫不及待地奔向科洛尼亚，一路上放声高歌。科洛尼亚地处巴拉那河北岸，离蒙得维的亚有一段距离。我们乘船渡过卡内洛内斯河和圣何塞河时花费了不少时间，但这让我有机会认真观察不善于游泳的马是怎样渡河的。

如果不是亲眼所见，我真不敢相信高乔人和他们的马竟能配合得如此默契。高乔人脱去衣服，跨上马背，引着马走到它不肯再往前迈步的地方，紧接着人从马的臀部滑入水中，手紧攥住马尾，一边在马背后撩水泼它，一边吓唬它。高乔人就这样赶着马往前走，一旦马蹄碰到坚实的河岸，他们就会一跃而起，稳稳地回到马背上，整个过程一气呵成。

科洛尼亚有一种十分特别的牛，人们称它为"纳塔"，也有人叫它"尼亚太"[①]。这种牛的长相十分滑稽：额头宽大，鼻尖微微向下，上唇短小，牙齿总是龇着，高高的鼻孔永远挺立，眼睛向外凸。高傲的它们永远昂首挺胸。

---

① 编者注：该物种今天已灭绝。

纳塔牛的品种十分纯粹，数量稀少，又极难繁衍，在当地被视为稀有动物。至于杂交出来的后代，难以具备纳塔牛的所有特征。我们都希望纳塔牛能够繁衍下去，当然，不仅仅是纳塔牛！

我拜访内格罗河附近的贝尔克洛村时，曾带着朋友的介绍信去投靠当地的一个英国人，在他的农庄里舒舒服服地住了三天，旅途的劳顿一扫而空。

主人带我们游览了附近的佩德罗·弗拉科山，这座山位于内格罗河上游约32千米处，登上山顶就可以眺望内格罗河的大致走向。

沿途水草丰美，很适合放牧。登上佩德罗·弗拉科山后，最动人的美景便展现在我眼前。

从山上望下去，开阔的河面从山谷绝壁间穿过，曲曲折折地向前延伸，直到消失在地平线上。河岸两侧绿树成荫，远处的草原起起伏伏，如绿浪一般荡漾开去。大自然为我展开一幅摄人心魄的唯美画卷，让我心中的烦忧都随着风飘远了。

北侧不远处，有一座名为库恩塔斯的小山。由于山上出产一种中间有圆筒形小孔的圆石子，人们又叫它念珠山。这种小石子色彩鲜丽，中间的空洞是天然形成的，不用加工，只要收集起来就可以串成好看的手链或项链。

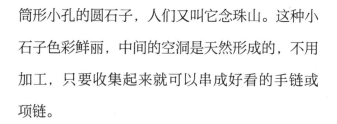

所有的爱美人士都对这种饰品爱不释手。纯天然的质地虽然显得有些粗犷，却很别致。后来，我在好望角遇到地质学家安德鲁·史密斯，他在非洲东南部的海岸上也找到了类似的石子，大多数是已经被磨平棱角的石英石，与海滩上的石头混杂在一起，每一颗都晶莹剔透，也都有一个细孔。

附近的人从未对念珠山的石子进行过研究，于是我搜集了不少，准备带回去研究。我建议，到此处游历的人可以试着找一些带孔的石子，带回去串成珠串留作纪念。

住在牧场的时候，我常在离住宅很远的地方看见两三只牧羊犬，它们忠厚聪明，是牧场主的好帮手，也是牛羊的护卫。

羊儿悠然自得地吃着草。倘若哪只羊脱离了羊群，牧羊犬的几声吠叫就能把它唤回来。牧羊犬甚至还能赶着羊群从一个地方转移到另一个地方。

放牧并不是牧羊犬的本能。在牧羊犬很小的时候，它们就被迫离开妈妈，和羊群生活在一起，有些小狗还是吃母羊的奶水长大的，它们的窝也是用羊毛搭成的，它们的玩伴只有羊，并与羊相伴一生。

我总觉得，在这样的环境里长大的狗大概觉得自己和羊没什么区别，甚至完全把羊当成了自己的同类。

与不愿离开家人的人一样，对牧羊犬来说，护卫羊群就是护卫自己的族群。

如果有陌生人靠近羊群，牧羊犬会通过吠叫命令羊儿集中起来，并让羊群躲在自己身后，自己则直面危险。在夜晚赶羊群回畜棚时，牧羊犬才稍稍回归本性，冲着那些调皮捣蛋不肯归家的羊大吼。

每天晚上，牧羊犬都会到主人家里进食。家犬常常攻击或追逐牧羊犬。牧羊犬可不是好惹的，它们会马上变得威武起来。再厉害的家犬，甚至野狗也不是牧羊犬的对手。

我认为牧羊犬能抵御野狗、野狼的袭击，不是因为它们凶狠，而是因为它们足够团结，并且具有强烈的保护意识。

休整一番后，我回到蒙得维的亚，登上"小猎犬号"，计划前往德塞阿多港。

回归船上的悠闲生活后，我开始近距离接触和观察各式各样的小动物，印象最深的是在距离巴拉那河河口几千米处看到的"蝴蝶雪"。

那天，天气晴朗，微风徐徐，我看到数以万计的蝴蝶正在进行一场大迁徙。那场面蔚为壮观，黄色白色的蝴蝶遮天蔽日，借助望远镜也看不到澄澈的天空，就像忽然下起了暴雪。

日落时，天气骤变，一股强风从北方吹来，我有点儿担心，大概会有不少蝴蝶在狂风中丧命。

"蝴蝶雪"事件后不久，在一个晴朗的正午，我看到一张张蛛网随风飘到了船的桅杆上，蛛网上大大小小的蜘蛛足有几千只，它们一落到桅杆上就立刻跑来跑去，十分活跃。

这些蜘蛛的肚子很大，脚非常细，大多为暗红色。它们的蛛丝好像永远用不完，想旅行时，它们就爬到高处，向空中放出一根蛛丝，然后乘着这根游丝，跟着气流随风而去。我还发现这些蜘蛛会用蛛丝把自己的脚捆绑在一起，十分奇特。

我在圣菲时也看到过蜘蛛飞行的全过程。那里的大型蜘蛛不会只放出一根蛛丝，而是同时放出四五根，如同散射的光线一样，有点儿像被风吹动的蚕丝，随着气流在空中飘动。蛛丝像伞一样支撑着蜘蛛，蜘蛛就能乘着风"飘行"了。

夜晚，我偶尔会看到船头劈开的波浪上泛着磷光，船尾则像拖着一条闪光的"奶油尾巴"。

海上除了船只经过的地方，很难见到光亮，但海面上有波动的地方偶尔会

泛起亮光。那一瞬间，我会误以为自己正在天河中航行。

究竟是什么物质在海水中发光？为什么这样的光亮不是哪里都能看到呢？看着那点点荧光，我的脑海中出现一连串的问号。

埃伦伯格教授曾经写过一篇关于海上磷光现象的论文，他认为造成这一现象的是一种不规则的凝胶物质。

我根据他的研究做了很多实验，得出了一些结论。那种"凝胶物质"并不是成片的，而是由数不清的小微粒聚集在一起形成的。我直接采集海水来观察，发现很快水中就看不到光芒了；我把沾染了发光物质的渔网从海水里拉出来，发现整张网都闪闪发光；我把网晒到半干，过 12 小时再丢回海水中，发现渔网仍然闪着光。

我猜，很多深水动物活着时都会发出微弱的磷光。我曾在海面上看到深海发光动物的影子，它们周身泛着光，由于水和光的某种作用，光亮投射到了海面上。

另一种可能是大气中的电流和水中的有机颗粒发生了反应。海水发光的现象多发生在温暖水域，可能是大气变化干扰了空气中的微粒间静电，再与海水接触，产生了放电现象。

无论海上磷光的成因是什么，能在千变万化的大自然中看到这样的奇景，已经是我们的荣幸了。

终于到达德塞阿多港！这里景色独特，无边无垠的平原上，混合着砾石的土壤呈浅白色，斑岩块体散落其间，稀稀落落地散布着粗硬的棕褐色草丛和低矮多刺的灌木。

这里生活着一些可爱的动物，比如爬行缓慢的黑色甲虫、不时蹿出来的蜥蜴，以及盘旋在空中、看到动物尸体就俯冲下来的南美秃鹫，在水资源丰沛的河谷地带，还有羽毛鲜艳、叫声像羊驼嘶吼的朱鹭。

在这些动物中，最特别的应该就是羊驼了，也有人把它叫作美洲野驼。羊驼的体形颇似高大的绵羊，四肢细长，头较小，颈长而灵活。在南美洲的温带地区，你都可以发现它的踪影。

羊驼不仅十分谨慎，而且怯懦胆小。有时候还没等人靠近，它们已经四散奔逃。羊驼群中有专门负责站岗放哨的成员，一旦发现危险，它们立刻发出尖锐的特殊叫声通知同伴，仿佛拉响了警报。如果碰上落单的羊驼，你会发现它一直呆立着，并用温和的目光盯着你，或者时不时移动几步，转动身体，再回头张望，希望你不要伤害它。

羊驼是一种纪律性很强的动物，队伍排列整齐。如果哪只羊驼掉队了，它会立刻自觉归队。它们还会一连好几天在同一个地点排泄，让自己的粪便堆积起来。

为什么羊驼如此遵规守纪？我百思不得其解。羊驼还有一种非常奇特的本领——提前给自己寻找墓地。濒死之前，它们会选择自己的葬身之地，一旦觉得命在旦夕，便挣扎着走到墓地去，静静地等待死神的降临。

每当我在脑海中想象羊驼墓地的景象时，便不觉悲从中来。

这里属于巴塔哥尼亚地区，历经了亿万年才形成。一路上，我们经过了不少叫"兽河""兽山"的地方，顾名思义，这些地方埋藏着动物的遗骸。

整个地区就像巨大的动物坟场，不知何年何月，巨兽在这里悄然灭绝。

我仔细研究了巴塔哥尼亚的地质特征，发现这里和欧洲大不相同。欧洲同时期的地层往往堆积在海湾内，而巴塔哥尼亚沿海几百千米都是沉积岩。岩石中大部分是已经灭绝的动植物的化石。沉积层上大多覆盖着白色松软石块。

在沉积着古代海生贝类化石的土层下，我发现了一些埋藏在红土层中的马可鲁兽骨骼，这种四足动物应该是骆驼或羊驼的近亲，和犀牛一样都是厚皮动物。

有人将这些骨骼标本与另外两位博物学家伦德和克劳森在巴西的一些洞穴中找到的标本进行比对，得出了惊人的结论：第一，陆生四足兽居住的洞穴中，物种数量比现存物种还多；第二，在南美洲大陆，灭绝物种和现存物种之间存在着密切的亲缘关系。

　　是什么力量让这些大大小小的动物突然从地球上消失了呢？我想，应该是一种能够撼动整个地球的地质力量。

　　地球和大自然留下了太多谜团等待着我们去解开，我只能把希望寄托在更遥远的地方。我坚信，走遍世界各地，寻找更多物证，用理性的方法思考，总会找到答案。

1834 年
从大西洋到太平洋

马尔维纳斯群岛

我们乘着"小猎犬号"，继续向马尔维纳斯群岛进发。

马尔维纳斯群岛由索莱达岛、大马尔维纳岛等岛屿组成。3月4日，我们再次登上索莱达岛，拜访伯克利·桑德镇。这次再度来访，我们希望能够把握机会，对岛上的动植物进行更系统的调查和研究。

我一直期待着考察索莱达岛，于是和两个高乔人向导骑着马奔向那里。登上岛后，我不禁有些失望：岛上是千篇一律的浅褐色枯草和矮小的灌木，山脊光秃秃的，根本没有攀登的价值。

志留纪

地质年代古生代最后一个纪，即古生代第三个纪。本纪始于大约 4.38 亿年前，延续了约 2 500 万年，是陆生植物和有颌类动物出现的时期。

根据岛屿的地质结构，我们可以推断出马尔维纳斯群岛的形成过程。岛上较低的地方由黏土、板岩和砂岩共同构成，不少动物骨骼化石被埋藏在地底下，与欧洲志留纪时期的结构相似。岛上有野马和野牛，有叫声像公驴的企鹅，这些动物之间的相处都非常和谐。

当地居民还跟我们谈起岛上有一种奇特的地质构造产物——"石流"。

"石流"是由山谷中大块带角的石英岩堆积而成的，从外形上看很像金字塔。这些石英岩不是在水流作用下形成的，角也不是很锋利。在有些地方，"石流"从山谷不断往上延伸。大自然的鬼斧神工让这些石头变得奇形怪状，各有各的特色。

在旅途中，一个野牛群差点儿把我们撞翻。

为了给大家改善伙食，高乔人向导圣杰戈大显身手，凭着独门绝技徒手活捉了一头牛。野牛肉比普通牛肉好吃多了，即便没放什么调料，也格外美味可口。

在小岛上骑行时，我们在一个小峡谷又碰上了头一天遇到过的野牛群。我从未见过体形如此硕大的牛，大大的头，弯曲的角，粗壮的脖子，比希腊的大理石雕像还威武。

公牛们三三两两地结伴而行。一般情况下，年轻的公牛看见人就会跑，年长且气力足的公牛则会故意等人或马靠近，然后用强有力的角把人或马挑起来顶死或撞死，残忍至极。

岛上牛的毛色差别很大：在乌斯蓬山附近，牛的毛色主要为鼠皮色或者铅灰色，这种颜色的牛在岛上别的地方都看不到；到了苏瓦瑟尔海峡以南，牛的毛色多呈现为黑色，有些是黑色夹杂着斑点。

　　岛的东侧还生活着一群野马，大概是法国人带到岛上的马繁衍的后代。奇怪的是，马群总是生活在岛屿的东侧，从不迁移到别的地方去。东侧的植物并不比别的地方茂盛，更何况马在岛上根本没有天敌，为什么马群只生活在东侧呢？我没有找到答案。

　　现在，我要说说当地的"原住民"——生活在索莱达岛、大马尔维纳岛的一种酷似狼的狐狸。这个物种在南美洲的其他地方都看不到。它们一点儿也不怕人，有时甚至会钻进水手的帐篷，就为了找点儿肉吃。高乔人很擅长对付它们，常常一手拿着肉诱惑它们，另一只手手起刀落。为了吃，狐狸付出了生命的代价，还献出了柔软美丽的皮毛。

火地岛风光

　　前方就是麦哲伦海峡。当年麦哲伦来到这里时，望见岛上熊熊燃烧的篝火，就给这个小岛取名火地岛。这个名字让我对这座小岛产生了浓厚的兴趣。

　　涟漪四起的水面倒映着岸边高低错落的山峦，傍晚时分的金色霞光增添了几抹艳色。山上长满了郁郁葱葱的树木，东风吹过时树叶沙沙作响。天黑后，岛上并不是一片黑暗，我们能够看到当地居民燃起的熊熊篝火。我想，当年麦哲伦看到的景象大抵也是如此吧。

登岛后，我环顾四周，发现除了西边的滩涂是光秃秃的，其余三面都被茂密的森林覆盖。朝霞映照下的幽深林景深深地吸引着我，我急切地想要找到一条可以深入林中的小道。

森林里密不透风，很难找到进去的路，我们只好沿着一条泄洪用的山路前行。在小溪旁的碎石上行走，稍不注意就会崴伤脚。岛中央缓缓流淌的溪流两侧满是形状奇异的石块，多种树木盘根错节地彼此缠绕，酷似热带雨林。

我们顺着溪流继续走，逐步攀上陡坡，登上最高处，将周边的景色尽收眼底。我们看到一大片桦树林铺满了山坡。桦树的叶子颜色以棕绿色为主，其中夹杂着一点儿金黄色，与独特的海景相互映衬。

为了赶路，我们没有在这里多作停留。我们乘着东风，出发前往合恩角。原本风平浪静的海面，突然大风四起。当我们快要靠近合恩角时，船只被一阵大风带回到海上，那情景实在是太可怕了，即便是见惯了大场面的船员也被吓得不轻。

合恩角

火地群岛南端的陆岬，为世界五大海角（合恩角、好望角、卢因角、塔斯马尼亚的东南角、斯地沃尔特的西南角）之一，位于美洲大陆最南端，隔着德雷克海峡与南极相望，属于次南极疆域。合恩角的风暴多，海水冰冷，是世界上海况最恶劣的航道之一，素有"海上坟场"之称，历史上曾有500多艘船只在这里沉没，2万余人葬身海底。

我们凝视着这个令人生畏的海岬，昨夜的猛烈暴风雨让岛屿四周笼罩着一层雾气，大片乌云在空中堆叠成山，仿佛要将岛屿压垮。不一会儿，一场暴雨袭来，挟带着冰雹在空中炸开，甲板上顿时一片狼藉。我们急忙找了个能避风的海澳躲藏，即便如此，船舰还是被狂风吹得不停颤抖。

天气恶劣，我们一直待在海澳里，等天气略微好转时才能上岸。

原住民可能曾在小岛上居住，远远望去，岸边的岩石上有很多贝壳堆，早

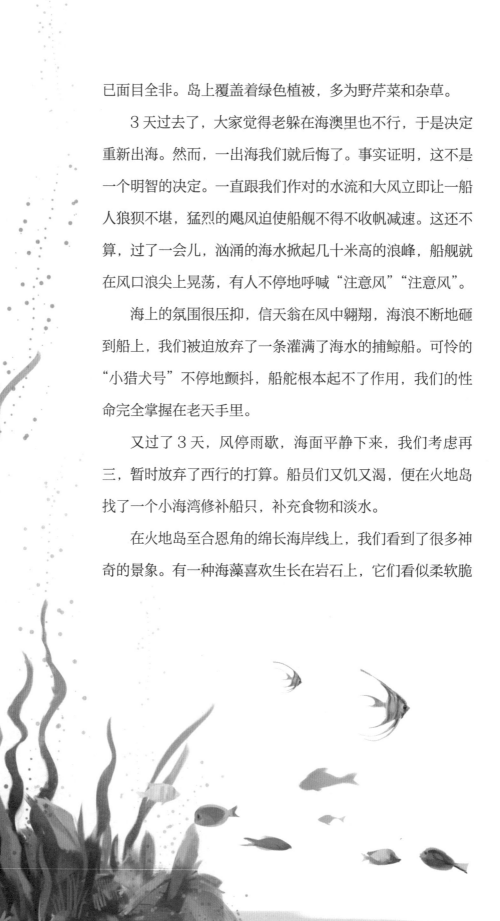

已面目全非。岛上覆盖着绿色植被，多为野芹菜和杂草。

3天过去了，大家觉得老躲在海澳里也不行，于是决定重新出海。然而，一出海我们就后悔了。事实证明，这不是一个明智的决定。一直跟我们作对的水流和大风立即让一船人狼狈不堪，猛烈的飓风迫使船舰不得不收帆减速。这还不算，过了一会儿，汹涌的海水掀起几十米高的浪峰，船舰就在风口浪尖上晃荡，有人不停地呼喊"注意风""注意风"。

海上的氛围很压抑，信天翁在风中翱翔，海浪不断地砸到船上，我们被迫放弃了一条灌满了海水的捕鲸船。可怜的"小猎犬号"不停地颤抖，船舵根本起不了作用，我们的性命完全掌握在老天手里。

又过了3天，风停雨歇，海面平静下来，我们考虑再三，暂时放弃了西行的打算。船员们又饥又渴，便在火地岛找了一个小海湾修补船只，补充食物和淡水。

在火地岛至合恩角的绵长海岸线上，我们看到了很多神奇的景象。有一种海藻喜欢生长在岩石上，它们看似柔软脆弱，实则无比坚强。它们将根茎深深扎入岩石，让自己既不沉底，也尽量不浮露于充满危机的水面。当海面上狂风巨浪肆虐时，它们始终挺立在原地，与翻涌的浪涛搏斗，彰显着英勇和无畏。

有趣的是，这种海藻不仅会照顾好自己，还以博大的胸襟"收容"了其他海洋生物。

每一个海藻群都像一座大型公寓，无偿地让许多"租客"居住在这里。只要摇一下互相缠绕的海藻根部，里面就会立刻钻出来一大批小鱼、乌贼、海胆、海星、海参、贝类、真涡虫、形状各异的沙蚕科动物……"租客"还远不止这些。如果有机会，我真想为这种海藻写一首赞歌，记录它守护众多海洋生命的功勋，称颂它接纳其他生灵的博大胸襟。

火地岛潮湿多风，这样的气候条件一直沿着岛屿的西海岸向北延伸，气温逐步升高；在合恩角以北966千米的范围内，气候与之相似。这样的气候很适合草莓和苹果的生长，所以无论是火地岛，还是往北气候与之相似的岛屿，都出产草莓和苹果；桃树一般都结不出果实；麦子的长势还不错。

合恩角以北，智利境内，适合种植葡萄和无花果；油橄榄和橘子树都长得不理想，假如没有人类干预，连开花结果都很困难。奇怪的是，同样的果树在欧洲的同纬度地区，甚至在南美洲内陆的同纬度地区都产量颇丰。

综合来说，在气候条件的作用下，岛上的植物大多具有亚热带植物的特点，尤其是蕨类植物，十分繁盛，有的长得比树木还高。

美洲南端和西南端的诸多岛屿离火地岛不远，却与它形成了鲜明的对比。库克船长发现，一些岛屿几乎终年被积雪覆盖，显露出来的植物只有苔藓、青草等。岛上气候寒冷，一年的大部分时间都处于冬季，有保存完好的冻僵了的动物尸体。

为什么纬度相近的地方，气候和物产竟有如此大的差异？没有人能给出准确的答案。能够确定的是，在这些岛屿上，植被不需要具备耐热能力，对它们来说，最重要的生存本领是防止冻伤。在相同的纬度，南半球的植被要比北半球的植被更靠近永久冻土带，因此耐寒能力更强。

到达智利

　　7月，"小猎犬号"终于来到太平洋，驶进智利最大的海港——瓦尔帕莱索。蔚蓝的天空中飘荡着柔软洁白的云朵，浪花在深蓝色的海面上翻滚跳舞。阳光下，金黄色的沙滩闪烁着光芒，绿得耀眼的树林生机勃勃……一切都很美好！

瓦尔帕莱索

　　太平洋东岸的重要海港，位于瓦尔帕莱索湾南岸，智利瓦尔帕莱索省首府，距智利首都圣地亚哥约120千米。

"小猎犬号"停泊的海港离居民区不远。这座以白色建筑为主的小城坐落在一座山丘的脚下。我们沿着海港的小道漫步，欣赏这座小城的明媚风光。

小城东面的阿空加瓜山昂然挺立，安逸地享受着上天的恩赐、阳光的温暖，以及人们的热情与赞赏。这是一座圆锥形的死火山，对当地居民来说它是安全的。每当太阳自海平面缓缓升起时，山体就会隐约呈现出锯齿状的影子。

近处的青山经过雨水的冲刷或受风力侵蚀，显露出久经岁月的痕迹，一道道沟壑看似伤疤，实际上是其独特之处。那些沟壑横陈的地方露出鲜红色的土壤，山体上生长着稀稀拉拉的矮小灌木。白色的屋顶与鲜红色的土壤相互映衬，让我想起了特内里费岛的圣克鲁兹区的别样风光。

这里最美的景色要数安第斯山脉主脊。同为安第斯山脉的构成部分，一边只有零星的植物，另一边却覆盖着茂密的森林。究竟是什么原因造成了这种景象？我迫不及待地朝山上奔去，准备搜集一些自然标本作为分析的依据。

山间缭绕的云雾略带湿气，我的毛绒外套已经湿透了，还好天气不错，不用担心会感冒。在登山的途中，我对这座山峰充满了崇敬之情。现在我要开始认真考察了。

这次考察的主要目的是探究和分析安第斯山脉基部的地质构造。

安第斯山脉属于科迪勒拉山系，素有"南美洲脊梁"之称，全长约8 900千米，是世界上最长的山脉，从巴拿马一直延伸到智利，纵贯南美洲大陆西部。

整个安第斯山脉犹如一堵巨大的土墙，山顶常年覆盖着厚厚的积雪，长长的雪线就是这堵"土墙"的装饰品。

我们首先到达的考察地点是海拔约2 000米的贝尔山。虽然路况很差，但沿途的风光还不错。我们经过一处被称为"驼泉"的泉眼，甘甜的泉水缓缓涌出来。

贝尔山的北坡植被稀疏，多为低矮的灌木，几乎看不见高大的树木；南坡的植物种类更多，生长情况更好。

从山顶往下看，沿海的陆地一览无余。这块大陆一定经历过地质上升运动，整条曲折的海岸线就是最有力的证明，否则那么多古老品种的贝壳怎么会堆积成小山呢？

我们对瓦尔帕莱索附近的风光提不起兴趣，却被绿草如茵的奇洛塔谷地深

深吸引。各个小村庄如同散落的明珠，错落有致地分布在绿毯上。山丘间地势低平，肥沃的土地上种着各种蔬菜瓜果，一派欣欣向荣的景象。这才是真正的田园风光。在山脊的基部能清晰地看见山沟中的常青树林，郁郁葱葱，种类丰富。

傍晚，夕阳西下，山谷里一片阴暗。残余的阳光为山峰的雪线缀上了一段橙色的明丽缎带。山中万籁俱寂，只有虫儿的鸣叫。我们点燃篝火，喝着巴拉圭茶，吃着香煎牛肉干，一起闲话家常。

在这个安静的夜晚，我们激烈地讨论海洋和山峰究竟历经了多长的岁月，才会变成现在这般模样。

我们还去了智利的首都圣地亚哥。在圣地亚哥的这段日子，白天我们骑马四处闲逛，欣赏这座城市的风光；晚上则与几位交好的英国商人共进晚餐，一起闲谈趣事。

圣地亚哥

智利共和国的首都和最大城市，南美洲第四大城市，位于智利中部，坐落在马波乔河畔，东依安第斯山，西距瓦尔帕莱索港约 120 千米。夏季干燥温和，冬季凉爽多雨雾。

圣地亚哥虽然不是大城市，但风景还算别致。市中心有一座风景秀丽的小山，它的名字叫圣卢西亚。我们经常去登山，由于每次登山的时间、一起登山的人都不同，收获也很不一样。

离开圣地亚哥后，我一时心血来潮，计划向南进发，去看看别的风光。

我们首先抵达的是距圣地亚哥几千米的皮索桥。皮索桥位于湍急的迈普河上，只在皮索上密密地铺了一层木棍，显得有点儿简陋。人一踏上桥，整座桥就开始晃动，看上去真是令人胆战心惊。

再往南走，经过兰卡瓜镇，我们便到了考克内斯温泉。通往考克内斯温泉的道路十分难走。以往能走的桥早就损坏，难以通行，无奈之下，我们只能骑马过河。真是苦了马儿，要在冬天蹚过这般冰冷的河水。

鉴于此处的地貌和植被极有特点，加上考克内斯温泉被认为具有极高的疗养价值，我们在温泉附近逗留了 5 天。这里设施简陋，房子也不怎么好，但这里的自然气息浓郁，野趣十足，算得上一个考察的好地方。

热气腾腾的温泉水从地质断层中流出来，温度适宜，伴随泉水流动的还有大量的可燃气体。考察的同时还可以泡温泉享受一番，真是不错的旅程。

告别考克内斯温泉后，我们继续向圣费尔南多进发，那是我们所能到达的智利最南端，希望一切顺利。在那里，我们将和"小猎犬号"一起继续海上航程。

圣费尔南多

始建于 1742 年，是智利科尔瓜省的首府，距离圣地亚哥约 130 千米。

深入乔诺斯群岛

我们在海上航行数日，来到智利南部地区以及附近的岛屿。奇洛埃岛是我们此行的第一个考察地，"小猎犬号"就停靠在奇洛埃岛的首府圣卡洛斯。整个岛屿全是连绵起伏的小山丘，山丘上是茂密的森林，色彩并不单调，让人看着心生喜悦。

岛民集中生活在海滨地区，村庄被平坦的草地环绕着，村庄之间离得并不远。岛民辛勤劳动，把生活打理得井井有条。他们身上穿的衣服都是自己亲手用羊毛织制而成，肯定很暖和。尽管衣物的制作工艺水平不高，但这是他们的劳动成果，在现有条件下已经十分不错了。

我们并不想大张旗鼓地登岛，怕扰乱了岛民平静的生活，于是把"小猎犬号"停泊在岛屿南端。我们雇用了向导，沿着海岸边的小道绕行。一路上，绿树成荫，走在小道上凉意十足，但是道路又湿又软，很难行走。

我们绕着岛屿走了很久，才走到了岛的北侧，那里的月桂散发着怡人的香气，阵阵幽香吸引着我们往深处走去。岛上的林区有专人打理，地面很干净，是宿营的好地方。我们用棉布手帕、铜质饰品等跟当地的居民交换了两只羊当午餐。搭好帐篷后，我们立即架起了烤架，把两只小肥羊烤上，然后饱餐了一顿。

第二天一早，我们整理好行装，离开了奇洛埃岛。我们沿着海岸线航行，优美的奥索尔诺火山用一股喷上高空的浓烟向我们致意。咸咸的海风迎面吹来，我张开双臂去拥抱海风，感受浩瀚海洋的魅力。

当"小猎犬号"向乔诺斯群岛进发时，暴风雨突然来袭，数道闪电划破天际，随即又消失在海面上，震耳欲聋的响声让我们连连惊呼。厚厚的乌云堆积在灰蓝色的天空中，船上弥漫着紧张的气氛。厚厚的雨幕让我们难以看清远方的景物，我们在船舱内也能听到强劲的风在甲板上呼啸的声音。

乔诺斯群岛

隶属于智利，是沿太平洋东岸的多山群岛。绝大部分岛屿上草木丛生，无人居住。

"小猎犬号"在翻滚的浪涛中颠簸着前进。狂风暴雨过后，若隐若现的彩虹横跨海湾，倒映在海面上，随着翻滚的浪花一起荡漾。

乔诺斯群岛由多个小岛组成，这些小岛大多没有可停靠的海湾，岛屿四周尽是悬崖绝壁，难以靠近。岛上树木十分茂密，人根本没法在森林中穿行。面对这种情况，我们决定顺风转航北上，寻找登上乔诺斯群岛的其他路径。海风把我们的头发吹得凌乱，一个美丽的无名港湾闯进了我们的视野。谢天谢地，我们终于找到一条安全的路线！

我们登上乔诺斯群岛，发现这里竟然生长着与南美洲西海岸地区一样的植物，而且更加茂盛。我还发现了在火地岛或麦哲伦海峡都未曾见过的隐花植物、苔藓地衣和其他较小的蕨类植物，种类极其繁多，大大地丰富了我的植物学知识。

岛上有两种喜欢"群居"的植物，它们的叶子一片接着一片地环绕着主干生长，低处的叶子在各类因素的影响下很快枯萎败落，没有叶子的枝条低垂到地面上。随着时间的流逝，整株植物垂落下来，堆积缠绕在一起，形成一团难以分清哪里是主干、哪里是枝条的庞大植物丛，仔细观察也很难找到它的根。

这类"群居"植物有很多"邻居"。不少藤蔓植物或者灌木会把自己的枝蔓依附或缠绕在它们身上，形成一个复杂的大家庭！

地上有小股水流缓缓淌过，流水在促进植物生长的同时也会加速落叶的分解。这些枯枝落叶在生命的最后时刻奉献自己，为新生命的成长提供养料。由于地理环境相似，南美洲的其他地方也有同样的泥炭地，比如马尔维纳斯群岛、拉普拉塔河－巴拉那河流域等地区。这里的泥炭地的主要成分是植物落叶，当地居民经常把泥土晾晒后用来生火。

从智利中部到奇洛埃岛，再到乔诺斯群岛，有几种鸟类的身影随处可见，

它们之中有几个异类，让人印象深刻。

有一种智利窜鸟，当地人认为它们可以预言未来，又叫它们预言鸟。

智利窜鸟比较常见，最大的特色是每只都有一个鼓鼓的红色胸脯。倘若它发出类似"奇杜克"的叫声，就表示好兆头；要是发出"赫伊特鲁"的声音，就是不祥之兆。当地人将这种鸟奉为先知。

另一种是黑喉隐窜鸟，它和智利窜鸟很像，但体形要大一圈。英国人称它们为"狗吠鸟"，顾名思义，这种鸟的叫声像狗叫。这两种鸟的饮食习惯与生活习性极其相似。

如果只有这两种鸟，倒也不足以打破智利的宁静。其他的鸟也会加入它们的队伍，比如偶尔引吭高歌的一种黑色的小鸫鹩等。这些鸟的叫声汇聚成一首跌宕起伏的交响乐。

上述鸟类大多居住在森林中，靠近海水的地方则居住着名为"折断骨"的大型海鸟。从生活习性和飞行姿态来看，"折断骨"有点儿像人们熟知的信天翁。"小猎犬号"的船员多次目睹"折断骨"追赶潜水鸟。

海边还生活着一种披着灰黑色羽毛、体形较小的巨鹱。这种巨鹱最喜欢成群结队，常常一大片一大片地在海峡出没。它们排着不规则的队形，从一处飞往另一处。

有一种海燕从不离开宁静的海峡，一旦受到惊吓，立刻潜入水中。在水中到达一定深度后，它们又浮出水面，然后腾空而起。这种海燕双翼短小，喜欢进行特技表演。

如果你有耐心，可以坐在海边观看海燕飞行，一定会乐个不停。

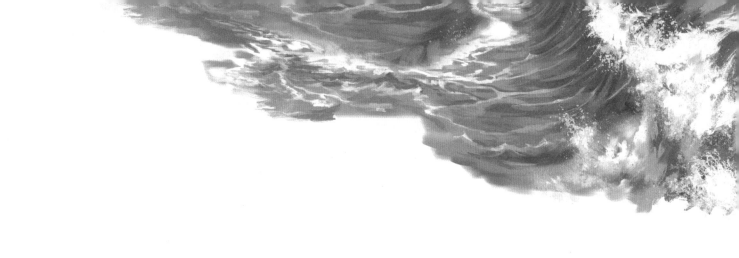

1835 年
继续前行

灾难之旅

1月19日，我们回到了奇洛埃岛的圣卡洛斯湾。在这里，我们碰上了可怕的火山爆发。

午夜时分，轰天的巨响打破了宁静，我们从睡梦中惊醒，惊慌失措地聚集在一起。不远处的奥索尔诺火山喷出赤色的火焰，浓烟滚滚，数不清的尘埃在空中飘荡。夜空被火光映照得红彤彤的，整个世界像是坠入了火海一般。借助望远镜可以观察到，火山口持续不断地喷出黑红色的物体，极其耀眼的火焰在空中尽情地跳跃着，之后又迅速坠落下来。

火山

因地球表层压力减小，地球深处的熔岩等高温物质从裂缝中喷出地面而形成的地貌景观，形状通常为锥形，顶部的漏斗状洼地叫作火山口。

第二天上午，奥索尔诺火山已经平静下来，一改昨晚的可怕模样。不知道这场突如其来的火山爆发给当地造成了多大的损失，也不知道会不会发生第二次爆发，我们怀着不安的心情离开了那里，继续我们的考察之旅。

后来我们才知道，原来不止奥索尔诺火山，几千千米外的科西圭纳火山当晚也爆发了。科西圭纳火山爆发的同时还伴有强烈的地震，离火山很远的地方都有震感，包括我们所在的地方。同属安第斯山脉、距离如此遥远的两座火山在短短6个小时里相继爆发，这绝对不是巧合。

这是一个人们无法预测的事件，我无法确定是什么原因导致了该事件的发生，大概是众多因素共同作用的结果，比如地质变化、陆地上升等。两座火山几乎在南美洲的一南一北，这是不是意味着南美洲最近将发生其他事情呢？

在赶赴下一站的途中，"小猎犬号"在西海岸的多个小镇停靠。处处都是好风景，天气也很不错，微风和煦，太阳暖洋洋的，十分适合出游。森林中弥漫着甜腻的香气，给人一种浪漫的感觉。

一路的好心情让旅途变得格外轻松。3月4日，"小猎犬号"抵达智利的康塞普西翁港。我们在附近的群岛绕了一圈后，选择停泊在一个叫基里吉纳的小岛。我们一上岛，当地居民就难过地告诉我们，几天前这里发生了大地震，巨大的损失严重影响了他们的生活。

整个海岸是一片乱糟糟的景象，人们失去了自己的住所：村落里的茅草屋东倒西歪，茅草散落一地，梁柱悬搭在一旁；房间内原本整齐地摆放着的各类家具、陶罐和饰品变得破碎不堪，难以恢复原样。商店中，棉花、烟草、茶叶等货物全都落在地上，有的还被泥土掩埋了。

地震发生的时候，我们也受到了波及，那时船员们正在不远处的一个村庄。突然间地动山摇，众人不知所措，人根本没法行走，更不用说跑了。面对这突发的状况，我们只好钻入附近的树林里，等待噩梦结束。

那次地震非常可怕，原本稳当的地面像是被一个高大的巨人猛烈地摇晃，惊慌失措的人们四处逃散，只求能够活下来，什么房屋、财产，压根就顾不上。大地震持续了不到2分钟，却像过了一个世纪那样漫长。现在我依然清楚地记得，地震发生那一刻，除了摇晃的大地，我再也感知不到其他事物的存在，脑袋里也是一片空白。

塔尔卡瓦诺城位于康塞普西翁北面，同样遭到了严重的破坏。这个曾经温暖热闹的小镇变成了废墟，情况比康塞普西翁更惨烈。值得庆幸的是，地震发生时，很多人都不在家，因此没有人丧命，只有少数人受伤。

地震造成的严重破坏已经让当地人十分不幸，可大自然是无情的，饱受摧

残的人们还要面对另一种灾难——海啸。

最先遭到海啸袭击的是距离震中较近的海岸。海湾处原本平静的海水悄无声息地缓慢上涨，令人难以察觉。哗哗作响的海浪逐渐靠近海岸，等浪花快扑到岸边时，危险的时刻就来了：大海会撕下温和的面具，露出魔鬼般的可怕面目，滔天的巨浪层层堆叠在一起，奔涌着向岸边袭来，人们根本无处可逃。

灾后，人们发现岸边的海防堡垒中的一门大炮和炮架被巨大的海浪冲出了好几米远，这些笨重的大家伙加起来足足有 4 吨重，由此可见海啸的力量多么巨大。

不知道有多少船只被凶猛的海浪推上岸，这些残破的船只再也不能像以前那样航行；又有多少船只被海浪拍碎，被大海吞没，连零件都找不着。那些来不及跑到高处躲避的人在刹那间被巨浪无情地卷入海中，就此葬身海底，成为鱼虾的腹中物。

海面恢复平静后，幸存下来的人还要面对破败的房屋和船只，寻找不知去向的亲人。几代人费尽心血经营的家园就这样化为乌有，实在让人感到无助和难过。

我们在岸边徘徊，不知道能为灾民做些什么。这是我见过的最难忘的凄惨景象。

翻越科迪勒拉山系

3月7日，在菲茨罗伊船长的指挥下，"小猎犬号"离开了康塞普西翁。航行4天后，我们到达了瓦尔帕莱索。

我们计划穿过科迪勒拉山系，做一次系统的考察。从瓦尔帕莱索翻越科迪勒拉山系，目前有两条路线：一条路线较为安全，是走北侧的阿空加瓜山脊；另一条路线是走南侧的波蒂略山，路程较短，但比较危险。对新事物充满好奇的我果断选择了第二条路线，再从第一条路线返回，这样就可以看到不同的景致了。

科迪勒拉山系

世界上最长的褶皱山系，纵贯南北美洲大陆西部，北起阿拉斯加，南至火地岛，绵延约1.5万千米，属中新生代褶皱带。该山系构造复杂，由一系列褶皱断层组成，地壳活动活跃，多火山、地震，是环太平洋火山地震带的重要组成部分。

浩瀚的海洋和科迪勒拉山系守护着智利。我们计划向东行进，科迪勒拉山系中有几个狭窄的山谷是必经之路，有一些山路恐怕连野生动物都难以穿行。

此次考察之旅路途遥远，不知道途中会遇到什么特殊情况。我们雇用了骡队，准备了很多食物和其他物资，为未知的旅程做好了万全的准备。

希望一切顺利！

我们在谷底边缘的狭窄平原上缓慢行进。科迪勒拉山系的景致独特不凡，到处长满了野花，五颜六色的小花在和煦的阳光下展露着身姿。连绵不断的岩脉如同高墙一般立于谷底两侧，有着独特花纹的斑岩整齐地排列着，在阳光的照耀下折射出光线，这一幕简直就像童话故事里的幻境一般。

山系主峰的层次极其分明，错落有致的排布给人独特的视觉感受。不少色彩明亮的碎石在山脚下堆积成一个个圆锥形的物体，远远看去像一座座小房子。大部分山体被积雪覆盖，偶尔会有碎石滚落在积雪上。

普奎尼斯山脊是科迪勒拉山系的其中一条山脊，攀登它对我来说是一个艰巨的挑战。在攀登的过程中，我第一次感受到高山反应，呼吸有些困难，因而行进速度十分缓慢，驮着众多物资的骡子也累得气喘吁吁。

在呼啸的寒风中，在赶骡人响亮的吆喝声中，我们冒着大雪艰难前进。靠近顶峰时，阵阵寒风猛烈袭来，我身上的棉衣压根抵御不了彻骨的寒冷。我回

头望着走过的路，发现足迹已经被新雪覆盖，如果没有向导，我们大概就要迷失在这山中了。

在这里，我碰见了罕见的"红雪"。起初，我在骡子踩过的地方发现了星星点点的淡红色痕迹，还以为是骡子的脚在流血。我趴在地上仔细一看，才确定不是血迹。难道是风吹来的红色斑岩尘粒？还是其他什么？后来，我取了一点儿雪放在纸上碾压，纸面上留下了淡淡的玫瑰红色。我又将其放在指尖仔细观察，然后才确定这是每一个极地探险家都期待遇见的"红雪"。

在显微镜的帮助下，我发现了"红雪"的奥秘：这种雪花包裹着红色藻类植物，当雪花快速融化或被碾压时，就会呈现出淡淡的玫瑰红或砖红色。

很多人终其一生都无缘得见"红雪"，很显然我是被上天眷顾的人。为了这份幸运，即便旅程再艰辛，我也会继续走下去。

成功翻越普奎尼斯山脊后，我们来到另一片多山地带。这里植被稀少，含有水分的植物根茎很难点燃，就算点着了，火苗也很小。呼啸的寒风带走了篝火的热量，这样的夜晚实在难熬；而且空中竟下起了冰冷的雨，像"冰针"一样，让本就狭窄的山间小道变得更加危险。

我们好不容易来到了山脊最高处，翻越过去就是阿根廷的门多萨省。

一行人抵达山谷时已是傍晚时分，我们找到一个背靠大岩石的露宿点。就在这时，仿佛有大魔术师施展了神奇的魔法，将笼罩在我们头顶上的阴云抹去，把莹白的月亮捧上夜空，零零散散的星辰仿若散落的明珠。皎洁的月光将大山照得雪亮，树影摇曳。我们坐在篝火边享受着晚餐。

黎明前的黑夜终于要结束了！

4月，我计划前往智利北部访问考察，路线是先到科金博，再经瓦斯科，最后在科皮亚波附近的港口与"小猎犬号"会合。

我和向导从瓦尔帕莱索出发，沿着曲折的海岸前进，在进行地质考察的同时，还能观赏更多自然风光。

远处是科迪勒拉山系的安第斯山脉，

科金博

智利中北部的一个区，首府是拉塞雷纳。东接阿根廷，西临太平洋。东部为安第斯山地，中部为中央谷地，西部为海岸山脉和狭窄的海岸平原，面积约4万平方千米。

上面覆盖着一层厚厚的白雪，仿佛穿上了洁白的纱裙，非常迷人。海岸边生长着众多高大的树木，始终敬业地为途经的路人提供休憩的地方。地面上满是金黄的落叶，要是再密集些，就成金黄色的地毯了。

接下来的路面凹凸不平，没有上一段路好走。有着棱角的小石头块随处可见，如果不当心，脚大概要受罪了。再往北走，所见景象愈加荒芜。河流的水位也开始下降，河水少到不足以用来灌溉庄稼，更别说用于养殖了。

听当地人说，附近的区域一到春天就会长满青草，可以让羊儿们吃饱。

走过荒凉的沿海地区，我们向矿产丰富的内陆走去。土壤肥沃的科金博谷地是我们经过的第一个谷地。

这个谷地位于科迪勒拉山系中部，被高大的山峰严密地围起来，谷里居住

着不少人家。高产且品质良好的无花果和葡萄是当地特有的品种，为居民带来了丰厚的回报。

再往里走是一片沙地，在春雨连绵的日子里，干燥的沙地上也会有小树抽出嫩芽，平添一份绿意。

我有点儿舍不得离开这里，可是我还要去和大伙儿会合，只能继续赶路。

周游秘鲁

伊基克

伊基克位于智利北部，是塔拉帕卡大区的首府，也是智利的重要港口城市，西临太平洋，东靠阿卡塔马沙漠。

7月，我们来到了秘鲁，考察的第一站是位于海边的伊基克（现属智利）。这个地区少雨干燥，细碎的岩石块和微黄的细沙覆盖着山谷和坡地，显得没什么生气。当地人的生活与大海有着密切的联系，由于当地物产不丰，他们的生活物资必须由船只从远方运来，食物也得从海洋中获取。尽管生活并不富裕，但他们过得很快乐。

我们在岛上只停留了1天，接下来要去的才是我们重点考察的地方——秘鲁的首都利马。我们在利马会停留大约6个星期。

利马并不靠海，因此我们把"小猎犬号"停泊在卡亚俄湾。

据说，在秘鲁，无论是本地人还是游客都饱受疟疾的折磨。这种疾病在秘鲁沿海地区很常见，在内陆地区则很少见。当地人认为疟疾源于瘴气，发病的过程十分神秘，我们无法判断自己是否会患上这种病，内心忐忑不安。

不过，利马的独特风光十分吸引人。城郊附近的山丘上广泛分布着隐花植物，盛开着许多黄色百合花，令人赏心悦目。这里的空气湿度远比伊基克要大，因此植物繁茂，无论是植物种类还是植被的覆盖面积都远超伊基克。

待在利马的日子里，我们总能看到厚重的雾气将城市笼罩，湿润的空气使得所有的事物都雾蒙蒙的，衣服也很难晾干。后来我才知道，这就是所谓的"秘鲁雾"。

卡亚俄湾对面有一个名为圣洛伦佐的小岛。小岛面向卡亚俄湾的一侧已经被海水侵蚀成类似台地的地貌。不知道经历了多长的时间，这个地方才形成了这样的景观。三层台地之间没有清晰的分界线，最底下的一层覆盖着多种现存的贝壳。许多贝壳被严重侵蚀，已然看不出原本的模样了。

由于多种原因，我并未在此地多作考察，也没有分析出这种现象的成因。不过，我敢肯定，卡亚俄湾一定发生过不少地质运动，才形成了复杂多样的地貌。

加拉帕戈斯群岛

9月15日，"小猎犬号"到达加拉帕戈斯群岛（又称科隆群岛）。该群岛横跨赤道，由火山岩构成，包括10个主要岛屿与一些小岛和礁岩。

整个群岛的火山口多得数不清，这些火山口有的由熔岩和火山石渣构成，有的由凝灰岩构成，后者多具有天然形成的美丽石头花。

我们共考察了28个凝灰岩火山口，有趣的是，每个火山口南面的斜坡不是比其他面的斜坡低，就是已经彻底坍塌，消失不见。这种现象的成因是，所有火山口都是在海水里形成后抬升起来的，信风激起的波浪和太平洋的浪涛在群岛南岸汇合，形成巨大的甚至是旋转的侵蚀力量，将由软性凝灰岩构成的南坡击垮或吞噬。

凝灰岩

火山碎屑岩的一种，由火山喷发的碎屑物经压实、固结而成。凝灰岩有多种颜色，常见的有灰白、黄白、灰绿、黄绿、浅紫、灰紫、深灰等。

由于气温变化不大，加拉帕戈斯群岛很少下雨，这导致各个岛屿的低洼处非常贫瘠，草木稀疏。神奇的是，在300多米以上的山地，植被却异常茂盛。这是因为迎风面首先接触到大气中的水分，植物得到了充分的滋润。

我在圣克里斯托瓦尔岛上岸，这里的地面由黑色玄武石熔岩构成，其上是一道道曲折的裂缝，满地都是矮小的、被烈日灼伤的灌木。时值正午，太阳在头顶烘烤，人就像进入了一个大火炉。我被晒得连头都抬不起来，什么都不想看了。

不过，这个岛也不是毫无看点，岛上的黑色圆锥形火山非常多，我来到一处高岗上数了数，差不多有60座火山。

　　火山口很完整，看上去近期都没有活动过。一半以上的火山口形状规整，好似人类的杰作。

　　几天后，我们登陆加拉帕戈斯群岛的查尔斯岛（圣玛丽亚岛）。

　　说起来，这座小岛很早就有人光顾，先是海盗常常光临此岛歇脚，后来捕鲸船也会到此停泊。近几年来，这里才有了常住居民。

　　查尔斯岛上的居民基本上都是有色人种，大多数是被厄瓜多尔共和国流放的政治犯。岛中心是居民的聚居点。我们从海岸步行到那里，一开始几乎看不到有叶子的灌木林，随着往岛中心的高处走，树木才慢慢多起来，绿意也越来越浓。

　　我们翻过岛上的山岭，一阵清爽的南风扑面而来，接着碧绿的草丛映入眼帘，让人顿感清凉。

　　高地上，草类和蕨类植物很茂盛，在一大块平坦的地面上铺展开来。一排排小小的房子沿山而建，房子的周围种满了香蕉和甘薯。

　　森林里有不少野味，不过当地人最爱吃的还是陆龟。龟类肉质鲜美，它们也因此招来杀身之祸，这使得陆龟的数量逐渐减少。不过，当地人乐此不疲，因为他们只要出猎两天就足够饱食一个星期。

　　虽然陆龟数量在减少，但在加拉帕戈斯群岛上，依然到处都有它们的身影。它们大多喜欢住在潮湿的高地上，也有一些喜欢待在干燥的低地。

　　住在高地的陆龟以各种树叶、绿色的地衣为食，并将一种酸酸的浆果作

为美味的点心；住在低地的陆龟和那些找不到水源的陆龟，会以多浆的仙人掌类植物为食，充饥的同时补充水分。

实际上，陆龟需要喝大量的水。较大的岛上才有淡水资源，一般分布在岛中的高地上，生活在低地的陆龟要爬上很长一段路才能找到水源。

因此，一种奇特的景观出现了，一个泉源周围会有很多宽宽的路，伸向四面八方，呈放射状分布，一直延伸到海边，那就是陆龟们上山饮水的必经之路。

在某些岛屿上，你可能会看到这样的奇观：成群结队的陆龟伸长脖子急匆匆地爬上山，喝饱水了的又排着队下山。

如果陆龟认定了要去一个地点，便会日夜不停地赶路。岛上的居民曾给陆龟标明记号进行观察，测算出它们在 2 ～ 3 天内可以行进约 13 千米。

在繁殖季节，雌龟和雄龟交配时，雄龟会发出一种怪异的咆哮声，在很远的地方都可以听到。居民们一听到这种叫声，就知道陆龟在交配了。每年 10 月是陆龟的产卵期，雌龟把卵产在沙土坑里并用沙土盖好，或是产在岩穴的石缝里。

如果你抓到一只陆龟，不想让它逃跑，千万别以为把它翻个个儿肚皮朝天就行了，它们可有本事自己翻过身来跑掉哦！

虽然加拉帕戈斯群岛上，爬行动物种类稀少，不过每个物种的数量多得惊人。陆龟是其中一种，钝鼻鬣蜥是另一种。

钝鼻鬣蜥是加拉帕戈斯群岛上特有的动物，其中一种是陆栖的，另一种是海鬣蜥。

群岛的所有岛屿上都有海鬣蜥，它们颜色乌黑、动作缓慢、模样可怕，性情倒是挺温柔的。

成年海鬣蜥的身体很特别，尾部两侧扁圆，四只脚的趾间有不完整的蹼，在它们游泳时给它们提供了方便。英国的詹姆斯·科尔内特船长在他的书里写道："它们成群结队地游到海里捕食鱼类，在岩石上晒太阳。"

海鬣蜥的脚爪能在多裂缝的熔岩地面上爬行，群岛的海岸到处都是这种熔岩，它们的四足好像是专门为适应熔岩地形而生长的。

我解剖了一只死去的海鬣蜥，发现它的胃中塞满了嚼碎的淡红海藻，除此之外别无他物。我不记得是否在潮汐岩石上见过这种淡红海藻，不过我相信，在靠近岸边的浅海底部，淡红海藻一定很多。海鬣蜥时常游到海里去，大概就是为了享用海藻盛宴。

这种海鬣蜥以自己的身体构造、饮食特征以及游泳能力，充分证明了它是一种可以在水里生活的动物。尽管如此，当受到惊吓时，它们就算紧邻水边也不会跳海逃走，因此人们很容易将它们驱赶到岸边，然后提起尾巴抓住。

我做过一次实验，多次把同一只海鬣蜥抛入一个潮水退去后留下的深水池里，不管我扔多少次，它都能游回我站立的地方，好像在跟我玩游戏。

与海鬣蜥不同，陆栖钝鼻鬣蜥尾巴圆，趾间无蹼，在加拉帕戈斯群岛上并不是随处可见。

这些家伙很懒惰，总是一副半梦半醒的样子。平日里，它们拖着腹尾部在地面上缓慢爬行。也许是为了释放过于惬意的情绪，它们时常会停下来假寐一两分钟，在热烘烘的地面上闭上眼睛伸直后腿，那样子仿佛睡在了国王的床上。

它们的挖穴技术非常精湛：先用一只前腿挖土，然后把土抛给后腿，后腿再把土推出洞口；一条腿挖累了，就改用另一条腿继续挖。我曾饶有兴致地观察一只陆栖钝鼻鬣蜥干活，看到它上半身钻进了洞里，我偷偷走过去抓住了它的尾巴，它觉得奇怪，立刻爬出来瞧瞧谁在干扰它干活。

陆栖钝鼻鬣蜥经常在白天觅食，但从不远离洞穴。一旦受到惊吓，它们立刻以笨拙的姿势奔向洞穴。除非是跑下坡，否则它们爬得很慢，它们的四肢长在身体两侧，而不是身体下方，能跑得快就奇怪了！

陆栖钝鼻鬣蜥大多生活在干燥的低地，很难喝到淡水，所以会吃仙人掌补充水分。这里的仙人掌时常被大风刮断，掉在地上，就成了它们解渴的零食。

陆栖钝鼻鬣蜥非常重视邻里关系。在高地上，陆栖钝鼻鬣蜥主要以番石榴的酸浆果为食，番石榴树下常常趴着几只陆栖钝鼻鬣蜥和陆龟，它们一起津津有味地吃着浆果，邻里之间和平共处，关系融洽。

群岛上的鸟类

在加拉帕戈斯群岛上，我采集到26种陆栖鸟标本，其中有一种鸟长得很像云雀，是从北美洲迁徙来的；其他的都是该群岛上特有的鸟类。

该群岛上有几种鸟比较特殊：

一是一种鹰，从身体构造来看，它介于美洲鸳和食腐肉的卡拉鹰之间，习性和叫声都接近卡拉鹰；二是两种小鸮，俗称猫头鹰；三是鹪鹩，它们的羽毛呈赤褐色，略带黑褐色斑点，尾羽短且微微向上翘；四是一种燕，与南北美洲的紫崖燕比较像，羽色略深，身体较瘦弱；五是嘲鸫的三个物种，它们是最典型的美洲鸫类型。

其余几种鸟类构成了雀科鸣禽的一个特殊类群，由于它们的嘴部构造、短尾、体型和羽毛相同或相近，可确认彼此有亲缘关系。

在这里，我们时常遇见几种地雀，它们大多数都是乌黑色或棕褐色的，经常成群结队地在干燥的低地上觅食。

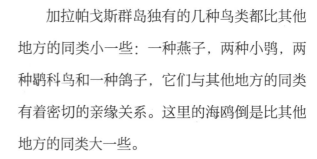

加拉帕戈斯群岛独有的几种鸟类都比其他地方的同类小一些：一种燕子，两种小鸮，两种鹟科鸟和一种鸽子，它们与其他地方的同类有着密切的亲缘关系。这里的海鸥倒是比其他地方的同类大一些。

一般生活在赤道附近的鸟类的羽毛都很艳丽，加拉帕戈斯群岛的鸟类却截然相反。除一种黄胸毛的鹟鹟，一种有深红冠毛和胸毛的鸟外，这里再没有羽毛鲜艳的鸟了。

我还惊讶地发现，这里的陆栖鸟都非常温顺老实，几乎到了任人欺凌的地步。

它们本来不应该太信任人类，却犯了一个致命的错误——亲近人类，以至于人们拿起一根小树枝就能一下子把它们打死。我做过一个实验，用一顶帽子就把一只小鸟罩住了，因为它就呆呆地站在那里。

加拉帕戈斯群岛上的鸟比其他地方的鸟都更喜欢跟人类亲密接触。1684年，博物学家考利在描述这里的鸟时说："斑鸠很温顺，它们时常落在我们的帽子上或臂膀上，我们可以轻易活捉它们；它们从来不怕人，直到后来有人向它们开枪，它们才变得有些胆怯。"

现在，它们仍然很温顺，胆子却变小了。近150年来，时常有海盗和捕鲸人来到这里，残忍地捕杀这里的小鸟，可它们却没有疏远人类。

想起南大西洋上的马尔维纳斯群岛上，卡拉鹰、沙锥、高地种和低地种的雁、鸲、鹌，甚至几种真正的鹰，也多少有些温良驯顺。

无论是在加拉帕戈斯群岛还是在马尔维纳斯群岛，许多鸟连连遭受人类的追捕和杀害，依然没有学会远离人类。由此可以推断，一个地方的土著动物在没有适应新的外来肉食动物的狡猾特性前，任何新来的猛兽都能肆意践踏并残害它们。

我既为它感到悲伤，又为它们担心，这种复杂的心情无法用语言表达。

塔希提岛

10月20日，我们挥手作别热情奔放的南美洲，开始了5 000多千米的漫长航程，继续探寻太平洋上的岛屿。

最初，"小猎犬号"一直航行在阴暗多云的区域，灰蒙蒙的天空使得所有景物都黯然无光。在寒冷的冬季，从南美洲海岸一直到大洋中心的海面都被阴暗的天空笼罩着。经过漫长的航行，我们终于离开阴暗的海域，重遇晴朗的天空和温和的信风。

站在甲板上，可以看到千奇百怪的环形珊瑚礁，它们像一个个巨型面包圈。低矮的珊瑚礁只羞怯地露出一小部分在水面上，相比浩瀚的海洋，它们简直是"沧海一粟"。

那些珊瑚礁的海岸边远看是一条长长的白色水光带与一条绿色植物带，珊瑚礁沿着白绿相间的风景带向两边延伸，渐渐没入海平面，水光相接成海天一色。

11月15日清晨，远处的塔希提岛在朝阳中依稀可见，我们忍不住欢呼起来。岛中央尖峭的山峰若隐若现，低处的植物朦朦胧胧。我们迫不及待地想要靠近它，想要看清它的真容。

"小猎犬号"刚停泊在马塔威湾，就有很多独木船驶向我们，船上的人还向我们挥手致意。当地居民见有远道而来的客人，都兴高采烈地赶了过来。

塔希提岛风光诱人，但我最喜欢的是这里的居民。他们恬静温和、热情好客，让人感到很舒服。他们表现出来的智慧，表明这里将向着更高的文明快速发展。

塔希提岛

又译作大溪地，位于南太平洋，是法属波利尼西亚向风群岛中的最大岛屿。这里四季温暖如春、物产丰富。世人认为这里是"最接近天堂的地方"。

吃完午饭后，我们打算考察岛上的地质情况，当地居民在有纪念意义的金星角（维纳斯角）欢迎我们，还带我们前往本地传教士威尔逊先生的家。

当地居民身上大多刺有花纹，样式都有点儿像棕榈树冠，只是细节上各有差异。花纹从他们背部的中线优美地向身体两侧卷绕延伸，与身体曲线完美地融合在一起。为什么他们如此钟情于高大的棕榈树呢？也许是想成为棕榈树那样挺拔的人吧！

几天后的一个早晨，我和两个塔希提人，结伴沿着河谷向岛屿中心地带进发。

肆意流淌的河水在金星角附近汇入海洋，这是岛上的主要河流之一。河流两岸都是蓊蓊郁郁的树林，巨大的树冠挡住火辣的阳光，为行人提供凉爽的休息地。我们在岸边行走，听着哗啦啦的水声，尽情领略林间的美景。

我们穿过林荫小道，隐约望见远处高耸的山峰。随着我们不断行进，山谷越来越窄，两侧的山坡越来越险峻。一眼望去，山崖有300多米高，我们走在狭窄的山谷里，雄伟的山峰和渺小的我们形成了鲜明的对比。正午时分，太阳悬挂在山谷上方的天空中，炽热的光线直射谷中，本来阴湿凉爽的谷底变得异常闷热，即便躲在阴凉处休息，人依然会出很多汗。

大家感叹行路艰难，又觉得十分有趣。这就是我喜欢旅行考察的原因，可以见到富有趣味的景色，体验不一样的生活！

我们在这座迷人的小岛上停留了数日，这是一段值得永远记住的美好时光。

靠近新西兰

远洋航行真是一件令人激动的事情，大概只有亲身体验，才能深刻体会到海洋的浩瀚，感受到它的宽广胸襟。

离开塔希提岛后，我们一连几个星期都在海上，真怀念登上陆地的感觉。除了一片茫茫无际、深不见底的大海外，再也看不见其他景物。

经过长时间的航行，12月21日清早，我们终于驶进了新西兰的港湾。港湾周遭是多山地带，看起来平整，实际上崎岖不平，类似于起起伏伏的喀斯特地貌。几条河流自山地间缓缓流向海岸。"小猎犬号"终于可以靠近陆地了！我们都十分兴奋，迫不及待地想要上岸。

到达新西兰，我们就算横渡太平洋了！这意味着我们的考察之旅已经进行了一大半。岸上的植物绿意盎然、叶色明亮，那欣欣向荣的样子让人感到十分喜悦。

海湾附近散落着几个小村庄，方形屋舍接踵相连，邻里间相处和谐。午

后，我们乘小船划行上了岸，向房屋最密集的地方走去。墙壁粉刷得雪白，门口栽种着高大的乔木，显得整洁又美观。

这个村庄的名字叫帕希亚，语言以英语为主。我们在村里转了转，发现除了仆人和外雇的临时工，这里就没有土著居民了。

村庄的房屋前大多有个小花园，里面栽种着英国品种的花卉，比如忍冬（金银花）、茉莉花、紫罗兰和野蔷薇，盛放的花儿散发着清香，沁人心脾，勾起了我的思乡之情。

仔细想想，我们大概也快要回家了吧！

1836 年　归途

澳大利亚

1月12日清晨，"小猎犬号"驶进澳大利亚的杰克逊港。澳大利亚位于南太平洋和印度洋之间，被称为"南方的大陆"。

经过白天的一番休整，我们终于有机会好好观察这里。夜幕降临后，我在市内一边散步一边欣赏景观，心中连连感叹：这样一片荒凉得只有袋鼠和考拉的大陆，英国人只花了几十年的时间就让它变得如此繁华，让身为英国人的我感到十分自豪。

市内的建筑高大雄伟，道路两旁房屋林立，路边栽种着常绿乔木，纵横交错的街道使得交通十分便利。这里的街道干净整洁，人们的生活井然有序，大家都有着极高的爱护公共环境的意识。整个城市的风貌几乎可以与伦敦等大城市相媲美。商店里摆着丰富的货物，餐厅里有各类美味的食物，这样的繁华景象在旅途中是很少见到的。

热闹的大城市并没有什么值得考察的地方，停留几天后，我就计划前往别的地方，去寻找有趣的景象。

1月16日清晨，我与同行的伙伴整理好行装，前往巴瑟斯特，期待一场富有趣味的考察之旅。那里是放牧区的中心，距离此地190多千米。尽管路途遥远，我依然热情不减。

我们首先到达了一个小镇——帕拉马塔。可别小看它，它的重要性仅次于大城市悉尼。沿途是碎石铺就的道路，用上了先进的修路方法，平坦又笔直。我们赶了一天的路，在这里找到了住处，好生休息了一晚。

第二天一早，我们乘船渡过尼比恩河，再走过一片低地，就到了蓝山山脉

的山麓。

我们一边仰望蓝山，一边慨叹它的高大。在攀爬的过程中，我们看到的风景不停在变化。我们行至半山腰时，看见海湾里充斥着蓝色的薄雾，所有的景物都变成了优雅的淡蓝色，尽显魅力；河谷被森林覆盖，在云雾的笼罩下显得苍茫幽远，平添了几分雄浑的气势。尽管我十分向往那片森林，但纵深的河谷成为难以跨越的障碍，让我望而却步。

蓝山山脉

位于澳大利亚新南威尔士州，由一系列高原和山脉组成。由于山上生长着不少桉树，树叶释放的气体聚集在山间，形成一层蓝色的薄雾，因此得名。

经过多天的跋涉，1月20日下午，我们终于看见了巴瑟斯特的高地。在金橙色的阳光的照耀下，高地呈现出斑斓的色彩。狭窄的土地上有农民在辛勤地耕作，悦耳的鸟啼声为我们的前行奏乐。

巴瑟斯特位于一个河谷的中心，那里较为宽阔。时值干旱季节，不要指望能有什么好的景色。略有起伏的高地上疏疏落落地长着枯黄色的牧草，羊儿马儿都没好吃的了。这样的情况还算好的，听说两三个月前这里发生过特大旱灾，那时的荒凉景象简直难以形容。

从内陆干旱沙漠吹过来的风裹挟着沙粒，自正前方席卷而来，我们都难以睁开眼睛。流经巴瑟斯特的麦夸里河是澳大利亚内陆地区水流量较大的河流之一，它像探路的先锋一样，雄赳赳地挺进广阔且不为人知的内陆地区。这条河为巴瑟斯特提供水源，默默无闻地灌溉着庄稼。巴瑟斯特有一条将海洋沿岸河流与内陆河流分开的分水岭，这条南北走向的分水岭让这些河流按照自己的路径规规矩矩地流淌。

秀丽的基林群岛

在环球考察之旅结束之前，"小猎犬号"是不会停下来的。它穿过浩瀚的太平洋，沿着既定路线继续前进，前往被称为热带海洋的印度洋。我们站在甲板上欣赏风景，秀丽奇特的基林群岛（现称科科斯群岛）出现在我们的视线里。

基林群岛处在我们的考察路线上，整片群岛都是由珊瑚和其他海洋生物化石组成的，这得需要多长时间的堆积与沉淀，才形成了今天我们看到的样子？

我们欢呼着登上基林群岛。群岛里有礁湖，外围绕了一圈排列有序的礁石，像一个大大的甜甜圈。礁湖里的水平静而澄澈，湖底莹白色的细沙在阳光的照耀下泛着玉石般的光彩，看起来无比华贵，而海藻让湖面呈现出鲜活的绿色。

岛上长着许多高大挺拔的椰子树，饱含汁水的椰子把树都压弯了。椰子和椰油作为出口商品被运到新加坡和毛里求斯，用于换取大量生活物资，可以让岛上的居民过上不错的生活。

起初，我看到岛上到处都是椰子树，还以为只有椰子树才能适应这里的土壤，但仔细考察后发现，这里还有其他品种的树木。

我尽量收集岛上的植物标本，整理时发现总共才不到 20 种。在这些露出海面一小部分岛屿上，大多数陆生植物都是"踏着风浪而来"，很多植物的种子不知是在什么时候随着海水漂流到这里，安家落户。

这些种子大概也没想过会被迫离开故乡，来到这里开启新的生活。

从印度洋到大西洋

4 月 29 日早晨，海面上洒满了温暖的阳光，蓝蓝的天空中飘着棉花糖般柔软的云朵。"小猎犬号"绕到毛里求斯岛的北端登陆。

岛屿的平地上散落着房屋，大片还没成熟的甘蔗长势喜人。青葱的高山坐落在岛屿正中央，山体上凹凸不平的古老火山岩清晰可见。

毛里求斯岛虽然被英国统治了很多年，但充满了法国风情，还有法国人开的商店和餐厅。城里还建有小剧院，上演的剧目十分受当地居民的欢迎。

5 月 1 日，我独自在城北的海岸散步。岛上的平原长满了各类杂草和灌木，黑色熔岩土富含矿物质，偏偏

毛里求斯岛

印度洋西南部的一个岛屿，由火山喷发而成，广布熔岩。中部为高原，地势南高北低。

不适合栽种庄稼。

　　勘测巴拿马地峡的总测量师劳埃德诚挚邀请博物学家斯托克斯和我去他的乡间别墅。

　　热情好客的劳埃德带领我们前往城南的黑河游玩，那里有众多色彩缤纷的珊瑚岩。果园和甘蔗田充满了香甜的气味，真期待果子和甘蔗成熟的季节。道路两旁都是由含羞草属植物组成的绿篱，看起来很别致。房屋附近是种满杧果树的林荫道，树枝上结了很多小杧果。

　　在如此舒适的乡村安度余生，也是极好的。

　　5月9日，我们驶离路易港，前往非洲大陆南端的好望角。7月8日，"小猎犬号"抵达南大西洋中的圣赫勒拿岛。

圣赫勒拿岛

　　英国的海外领土，在1502年首次被葡萄牙人发现，被很多人称为"世界上最孤独的岛屿"。

整个岛屿宛如一座从大洋中拔地而起的黑色大城堡，崖湾陡峭巍峨，黑色岩石充满神秘色彩，空中盘旋着海鸥。岛上的小城沿着狭窄的河谷向上延伸，高耸的山顶上有一座形状特别的城堡，像极了童话故事中的神秘古堡。另外，靠近海岸的一侧布满了炮位，大概是用来抵御外敌的。

很少有植物能适应岛上的熔岩土壤，因而岛上很难看到参天大树，只有灌木丛和绿草。小岛的中心区域地势较高，被黏土覆盖得严严实实，凹进去的地方长着牧草。山顶上的苏格兰冷杉正在茁壮成长，斜坡上盛开着黄色的金雀花。

岛上缺少平坦肥沃的土地，难以种植谷物，当地人的主要食物是从其他地方运来的米和咸肉，这些都需要花钱购买。为了能吃饱饭，他们不得不努力赚钱。

圣赫勒拿岛从远古走来，几座高山变成了巨大火山口的北半部分，火山口的南半部分的棱角则被时间磨平了。

阿森松岛

英国的海外领地，主岛面积约 88 平方千米，在其近岸处有若干面积不足 1 平方千米的小岛和礁石，如水手长岛、东水手长岛、鞑鞍礁等，这些岛礁在地理构造上被视为阿森松岛的组成部分。

我们继续踏上旅程。11 天后，"小猎犬号"抵达位于大西洋中央海岭上的阿森松岛。

阿森松岛是典型的火山岛，岛中央有一座圆锥形主山，它是这个岛屿的守护神，守护着周围的小山区。岛屿上的熔岩地面像月球表面一样坑坑洼洼。

海滨是人们的聚居地，所有的房屋都由白色的砂石筑成，美观且坚固。这里的居民大多是被派驻此地的海军士兵，还有一部分是黑人。尽管来自不同的地方，他们仍然十分融洽地生活在一起。

记住巴伊亚

离开大西洋中的阿森松岛后，我们再次前往巴西，完成我们的环球考察之旅。

8月1日，"小猎犬号"停靠在巴西沿岸的巴伊亚港湾，眼前的景象比我们当初看到的更加生机勃勃：不同种类的大树构成一片绿色汪洋，其间散落着一块块农田，宛如这片大地上的独特装饰。河谷一如既往地生机盎然！

这里的房屋和教堂样式奇特，无论是瓦墙还是三角形的屋顶都富有想象力和创造力。阳光下，一片白刷刷的房屋显得十分梦幻，房屋背后是淡蓝色的天空，近处是一片蓊蓊郁郁的树林。善于发现美的人，肯定会沉醉在这景色里。树冠沐浴在阳光中，纹理分明的叶子呈明丽的绿色。傍晚的景色与中午的大不相同，可谓一时一景。

我走在林荫小路上，微风拂过耳畔，林间弥漫着独特的植物气息。我被这里的景致深深吸引，竭力在脑海中搜寻恰当的词汇来表达自己的感受。可是，我脑海中闪过的一个又一个词汇都难以将这里的景观和自身的愉悦感受恰当地表达出来。

我走得很慢，只为了再三观赏每一株小草、每一片林木。我想把它们镌刻在脑海中，永远记住这般美好的景象。不过我也知道，即使现在我能记住这片由甜橙树、椰子树、棕榈树、杧果树组成的森林，记住这条小道，记住树上的那只翠鸟，将来我也会渐渐淡忘。然而，这些曾经的记忆一定会像那些美好的童话故事一样，塑造着我的心灵。

顺利返航

由于逆风航行，"小猎犬号"的行进速度非常缓慢。直至8月12日，"小猎犬号"才靠近巴西的伯南布哥州。我们在这里游玩了几天。

10月2日，我再次看见了英格兰的海岸。我终于回来了！这意味着漫长的环球考察旅行也结束了。

这一趟旅行，我们走过了很多地方，结识了形形色色的人，共同经历了风风雨雨。这一切，永远值得纪念和回忆。

伯南布哥州

巴西的26个州之一，地处东北部。面积约9.9万平方千米，首府是累西腓。

在所有景致中，最令我印象深刻的是热情似火的南美大陆。我第一次和最后一次在巴西登陆时，都被那里的风光震撼。很遗憾我不是一位文学家，无法用优美的文字仔细描述我所看到的一切。很幸运，这次环球旅行顺利结束，我再次回到了我思念的家乡。每当闲暇时，我总会想起这趟不平凡的、充满趣味的考察之旅，回忆起巴伊亚蓊蓊郁郁的树林、令人心生悲伤的羊驼公墓，还有巴西的热带雨林……

我常常怀着愉快的心情去回忆走过的每一步、看见的每一处景色。我坚定地认为，每一个旅行考察者都会记得自己去过的每一个地方，因为那里充满了回忆，无论快乐还是悲伤、惊险还是平淡。

周游世界以后，你会觉得世界地图不再是简单的构图，而是一幅充满动感与生机的图画。世界上的每一部分都有着独一无二的特色。

大陆不再只是空洞的图形，岛屿也不再只是轮廓，更不是难以发现的小黑点。每一处都是宝藏之地。非洲、北美洲、南美洲等不该只是几个读起来好听

的名字，而是一个个充满生机、独具特色的大陆。

哦，我的旅行结束了，在回忆中彻底结束了。不过，我不会停下探索的脚步。希望将来有一天，我们能在地球上的某个地方相遇，共同领略世界各地的风光，发现更多有趣的景象。